宇宙万物之源

姚建明 周 娜 李雪颖 何振宇 编著

清華大学出版社
北 京

内 容 简 介

本书是全国青少年活动中心系列教材天文学课程的第 4 册。全书共有 14 节课程，学习内容从基础的天文知识出发，通过系统性地介绍天文学，以达到与更高层次的天文学课程衔接。全书侧重于概况性的讲解，对深入知识的学习也做了必要的引导。天文小贴士的内容更加贴近天文学的最新发展，并照顾青少年的兴趣，以满足他们的好奇心。书中还加了一课天文竞赛的内容，供读者参考。

本系列教材可以在小学、各级青少年活动中心、各种课外培训机构组织的天文学知识的学习中使用。有兴趣的小小天文学家们也可以按照本系列教材自学。

图书在版编目（CIP）数据

宇宙万物之源 / 姚建明等编著.— 北京：清华大学出版社，2023.6
ISBN 978-7-302-63343-3

Ⅰ. ①宇…　Ⅱ. ①姚…　Ⅲ. ①天文学—青少年读物　Ⅳ. ①P1-49

中国国家版本馆CIP数据核字（2023）第063792号

责任编辑： 朱红莲
封面设计： 傅瑞学
责任校对： 薄军霞
责任印制： 杨　艳

出版发行： 清华大学出版社
网　　址： http://www.tup.com.cn, http://www.wqbook.com
地　　址： 北京清华大学学研大厦A座　　**邮　　编：** 100084
社 总 机： 010-83470000　　**邮　　购：** 010-62786544
投稿与读者服务： 010-62776969, c-service@tup.tsinghua.edu.cn
质量反馈： 010-62772015, zhiliang@tup.tsinghua.edu.cn
印 装 者： 小森印刷霸州有限公司
经　　销： 全国新华书店
开　　本： 165mm × 240mm　　**印　　张：** 12.25　　**字　　数：** 206千字
版　　次： 2023年6月第1版　　**印　　次：** 2023年6月第1次印刷
定　　价： 66.00元

产品编号：095270-01

前言

学习天文学，可以在任何场合，可以在人生的任意年龄阶段。抬头看天，激人奋进，拓展我们的眼界。我们的祖先就是从天到地再到人，一步步地从原始人进化到社会人的。

我们在大学里开设过天文学的选修课，不论是理科生还是文科生都积极参与；我们在中学校园里举办天文学讲座，讲座结束了，同学们还在围着我们问问题；我们在小学里开设的课外天文学课程最多，从一年级到六年级，分年龄、分班级上课；似乎，任何阶段的学生，都喜爱天文学。

开设天文学课程最多的还是青少年活动中心，涉及全国所有的大中城市。从萌芽班、初级班、中级班到高级班，从来不缺少“生源”。我们还在图书馆、老年活动中心、市民大讲堂，甚至在公司的年会嘉年华上，开展天文知识的科普讲座，每次都是座无虚席，听众踊跃。最近几年，我们还录制了网络课程，准备更广泛地传播天文学的科普知识。

随着提高青少年综合素质的呼声越来越高，越来越多的政府部门、社会机构和学校、家长们开始重视青少年的课外学习，尤其是科普知识的学习。天文学作为一门基础学科，无论是知识性、趣味性，还是在开发智力、开拓孩子们的眼界方面，都是十分重要的。天文学涉及宇宙万物，关乎人类社会的各个方面，与数理化甚至人文的各个学科都有联系，天文学的作用不仅在眼前，更是关乎孩子们一生的追求和乐趣。

我们在课程开设的过程中，遇到的最大问题就是教材的选取。天文学是实用性很强的基础课，既有知识的系统性，又有很强的生活娱乐性。怎样把握课程的难易，怎样取舍浩如烟海的天文学内容，经过多年的实践，我们这里为全国的青少年，为全国准备开设天文学课程的机构做一些尝试。

我们编写的系列教材，分 4 个层次，可以按年龄分层，也可以按学生所具有的天文学知识基础分层。

萌芽班，最低可以从幼儿园大班的孩子开始，直到成年人。我们的要求是，只要你想开始学习天文学，对周围的世界、对宇宙、对天体感兴趣就可以。当然，

我们针对的是青少年，涉及成人的是以“亲子班”为主。学习的目的只有一个，就是激发学员对天文学的兴趣。课程和教材的内容，以动手的形式为主，可以做个小太阳、带光环的土星或者一个地球加月亮的地月系。间或，我们还会辅助有天象厅和野外认星的课程。

初级班，可以面向小学一、二年级的学生，课程和教材内容还是以动手制作为主。这里，我们就开始强调天文学知识的系统性，简明扼要地引入天文学知识，让喜爱天文学、想继续学习的学生，有一个学习的“索引”。当然，孩子们喜欢的天象厅和野外观星的课程还会继续，而且会逐步增多。

中级班，是一个承上启下的学习阶段，以小学生为主，他们还不具备系统性学习天文学的思维，所以，我们针对一些天文学的重点知识加以拓展。这里的重点知识是经过我们多年的教学实践发现的、学生们最感兴趣的天文学知识，比如，天文学和人类社会，看星星识方向，星座和四季星空，流星和流星雨，极光和彗星，恒星的一生，以及最吸引眼球的宇宙大爆炸、黑洞等。

到了高级班就会发现，他们都是一个个天文学的小天才了。这时候，就需要让他们系统地学习天文学知识了。如天文学研究的对象，学科分支，天文坐标系，回归年、朔望月、儒略日，恒星演化，银河系起源，包括航空航天、人类探索宇宙等。但是，我们还是定性地讲解天文学的知识，至于全面、深入地学习天文学，还是等他们读专业的天文系吧。经过高级班的学习，孩子们参加各个级别的天文科普竞赛，向小伙伴们传播天文学知识，应该是绰绰有余的。

从萌芽班到高级班的 4 册教材，每册都分为 14 节课程，按照一个学期 14 次课程设计。一年中，可开设春季班、暑期班、秋季班。学生们可以循序渐进地自动升级学习。使用我们的教材，可以一同采用我们使用多年的课件，方便教学。如果需要，我们还可以开展合作教学。

最近，我们增加了“暑期观星亲子班”的课程，大受学生和家长的欢迎。今后，我们还会开展更多形式的学习课程，比如，天文夏令营、流星雨观赏团、暑期的天文台学习游览活动等。

青少年是祖国的未来，天文学拓展了人类的知识体系，能够开拓孩子们的眼界，扩大他们的知识面。更重要的是，天文学可以作为你一生的个人爱好，去欣赏！去追求！

作者

2023 年春于富春江畔

目 录

第1课　天文学和我们

天文学是一门古老的学科，我们的祖先也和我们一样感觉到天亮天黑，他们会去追究原因吗？人们观测和研究了太阳，那个和太阳差不多大小，亮度差很多的月亮，就顺理成章地成为好奇心的目标。还有那漫天的星辰，它们的大小、亮度都不一样。现在我们知道，这些在天文学中都被称为天体。天体的存在、运动、相互关系，天体与人类、与地球的关系，就是天文学研究的内容。

1.1　天文学来源于大自然

天文学是自然科学中的基础学科，天文学帮助人类认识了宇宙。人类通过观察天体的存在、测量它们的位置、推测它们内在的物理性质来研究它们的结构、探索它们的运动和演化的规律，扩展人类对广阔宇宙空间中物质世界的认识。

天文学研究需要观测，所以，对观测方法和手段的研究，是天文学的方向之一。浩瀚的宇宙中天体数目数不胜数、种类繁多，而且距离我们无比遥远。因此，观测设备精度要高，观测的人员要有足够的耐心和信心，才能深入更深远的宇宙，涉猎更宽广的天文学领域。

人类的发展受到了天文学的重大影响。古希腊的哲学家柏拉图，从完美宇宙的观点出发，认为地球是圆的；他的弟子托勒密遵从导师的完美主义，也假设宇宙是圆的，所有天体都是在圆的轨道上运行，它们的中心是上帝创造的人类生存的地方——地球（地心说）；哥白尼的日心说开创了从自然科学的角度认识天体和天体的运动；哲学家康德和数学家拉普拉斯关于太阳系起源的星云学说，让人类摆脱了上帝的束缚；天文学家哈勃看到了仙女座大星云，望远镜也使人类看到了银河系以外的宇宙；比利时的勒梅特和苏联的伽莫夫创立了宇宙大爆炸理论，让我们认识到宇宙并不是凭空而来的；爱因斯坦的相对论让我们知道了什么是物质的宇宙、什么是能量的宇宙……

物理学和数学是进行天文学研究不可或缺的理论基础，技术科学则为天文观测提供了良好的平台。

1.1.1 天文学的研究对象

天文学的研究对象是宇宙中的各种星球和物体，大到行星、恒星、银河系、河外星系以至整个宇宙，小到小行星、流星体以及那些肉眼看不到的宇宙尘埃（星际介质）。这些星星和物体统称为天体（图 1.1）。从这个意义上讲，地球也是一个天体，不过天文学只研究地球的整体而不讨论它的细节。人造卫星、宇宙飞船、空间站等人造飞行器叫作人造天体，也属于天文学的研究范围。

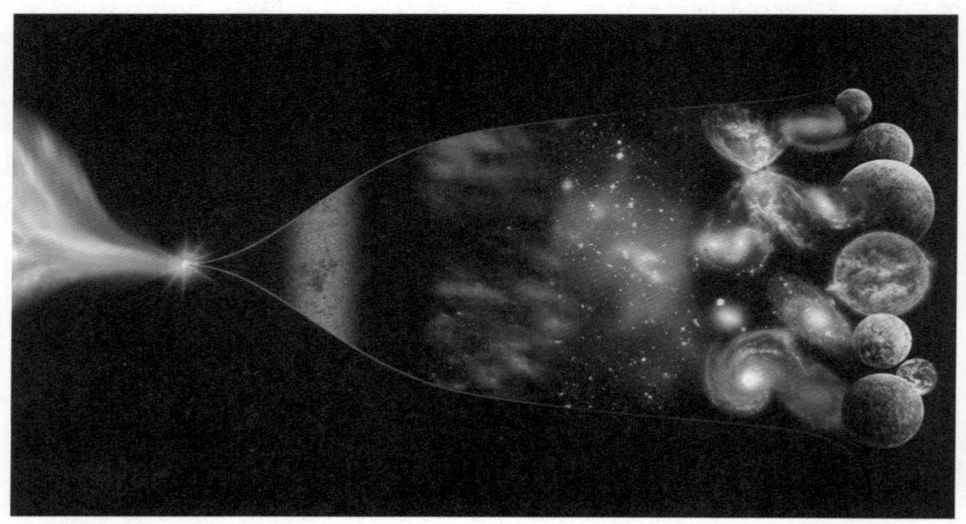

图 1.1 宇宙中存在各种各样的天体

我们可以把宇宙中的天体由近及远分成几个层次。

（1）太阳系天体：包括太阳、大行星（包括地球）、行星的卫星（包括月球）、小行星、矮行星、彗星、流星体及行星际介质等。

（2）银河系中的各类恒星和恒星集团：包括变星、双星、聚星、星团、星云和星际间介质。太阳是银河系中的一颗普通恒星。

（3）河外星系：简称星系，指位于银河系之外的恒星系统和星系系统，如双星系、多重星系、星系团、超星系团等。

（4）恒星、星系以及宇宙的演化物：脉冲星、中子星、黑洞、类星体、γ 射线暴等与宇宙的起源与演化密切相关的天体和现象等。

1.1.2　天文学的分类

天文学可以按照研究方法、观测手段和观测对象来进行分类（图 1.2）。

按照研究方法天文学可分为：天体测量学、天体力学和天体物理学三门分支学科。

天体测量学是天文学中发展最早的一个分支，主要研究和测定各类天体的位置和运动，建立天球参考系编制星表等。观测资料也服务于天体力学和天体物理学的研究，以及确定地面点的位置，建立人造卫星观测网络，进行大地测量、导航，确定时间、历法等。

天体力学主要研究天体的相互作用、运动和形状，预报日食、月食等天象，人造天体的发射和运行等。牛顿万有引力定律和开普勒行星运动三定律是天体力学的基础。

天体物理学应用物理学的技术、方法和理论，来研究各类天体的形态、结构、分布、化学组成、物理状态和性质以及它们的演化规律。

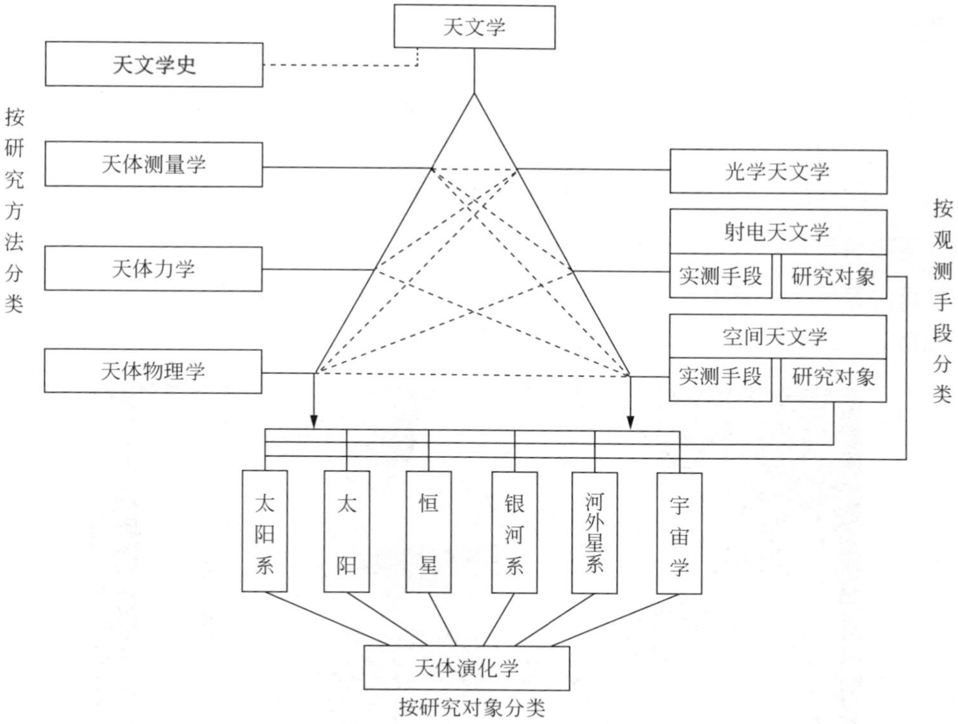

图 1.2　天文学分类

1.2 天文学关联世界的方方面面

星星、月亮、太阳那么遥远，和我们地球上人类的生活、工作有关系吗？实际上，天文学研究的许多内容，在较短的时间跨度内与我们人类似乎关系不大。例如，研究星系演化的星系动力学显然同我们的生活没有什么关系。但是，天文学研究的很多方面又是同人类社会密切相关的。

天文学一直与人类的生产活动和日常生活密切相关，例如，季节的变化、潮水涨落、野外方向的确定等；计量时间，制定时间标准，应用于日常生活和尖端科学，特别是航空、航天和军事技术的发展等；星表、年历的编制服务于农业生产，北斗卫星导航系统（BDS）和全球定位系统（GPS）精密定位等；研究和预报太阳活动为飞船运行、卫星发射和通信提供保障等。越来越多的情况表明，太阳活动对人类生活影响的重要性。

人类的生活和工作离不开时间，而昼夜交替、四季变化的严格规律须由天文方法来确定，也就是确定时间和历法。如果全世界没有统一的标准时间系统，没有完善的历法，人类的各种社会活动将无法有序进行，一切都会处在混乱状态之中。

人类已经进入空间时代。发射各种人造地球卫星、月球探测器或行星探测器，除了技术保障外，预定发射方位、计算运行轨道正是天文学家在发挥作用。

太阳是离我们最近的恒星，它的光和热在几十亿年时间内滋养了地球上的万物。太阳一旦发生剧烈活动，对地球上的气候、无线电通信、宇航员的生活和工作等将会产生重大影响，天文学家会对太阳活动做监测、预报工作。不仅如此，地球上发生的一些重大自然活动如地震、厄尔尼诺现象（图 1.3）等也可能与太阳有关。天文学家也在努力为防灾减灾做出自己的贡献。

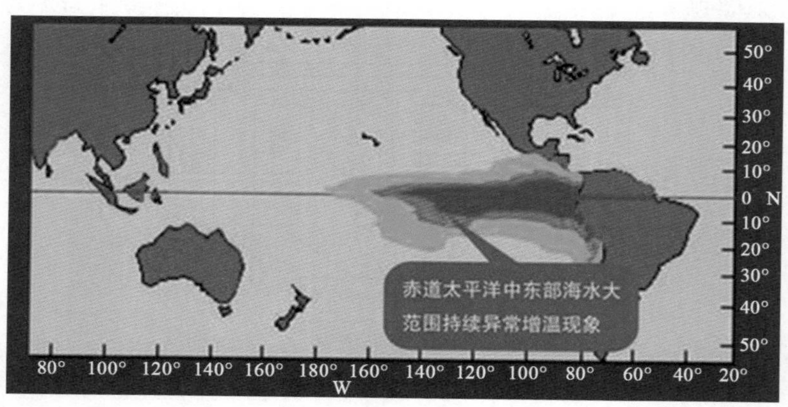

图 1.3 厄尔尼诺现象海温示意图

特殊天象的出现，如日食、月食、流星雨等，现代天文学已可以做出预报，有的甚至可以做出长期准确的预报。

天文学对人类发展的影响最重要的是开拓了人类的思维和视野，促使我们人类认识宇宙有了七次巨大的飞跃。

第一次大飞跃是人们认识到地球是球形的，日月星辰远近不同，它们的运动都有规律可循。观测它们的位置可以制成星表，利用它们的运动规律可以制定历法。公元 2 世纪，托勒密在《天文学大成》中阐述了宇宙地心体系，是人类第一次尝试运用数学的方法给天体以科学的描述，否认了上帝创造宇宙的传统理论。

第二次大飞跃是哥白尼在《天体运行论》中提出宇宙日心体系，形成了太阳系的概念。他论证了地球和行星依次在各自轨道上绕太阳公转；月球是绕地球转动的卫星，同时随地球绕太阳公转；日月星辰每天的东升西落现象是地球自转的反映；恒星比太阳远得多……正如英文书名 *On the Revolutions* 中 revolution 一词有运行和革命的双关意思，从此自然科学便开始从神学中彻底解放出来。伽利略利用天文望远镜发现了木星的卫星，从而极大地支持了“日心说”，开创了近代天文学。

第三次大飞跃是万有引力定律和天体力学的建立。开普勒分析第谷留下的行星观测资料，发现行星运动三定律；牛顿的名著《自然哲学的数学原理》给出了万有引力定律，奠定了天体力学的基础。哈雷对彗星的研究，勒威耶和亚当斯等发现海王星，都说明了人类的哲学思想和自然科学研究的共鸣。

第四次大飞跃是认识到太阳系有其从产生到衰亡的演化过程。在牛顿时代，人们认为自然界只是存在往复的机械运动，绝对不变的自然观占主导地位。打破僵化的自然观的人是德国的哲学家康德和法国的数学家拉普拉斯，他们分别提出了太阳系起源的星云假说（图 1.4），阐述了科学的宇宙思想。

第五次大飞跃是建立银河系和星系的概念。哈勃通过测量 M31 星系中“造父变星”的距离，开创了河外星系天文学，大大扩展了人类的视野。

第六次大飞跃是天体物理学的兴起。19 世纪中叶以后，照相术、光谱分析和光度测量技术相继应用于天文观测，导致天体物理学的兴起。人们认识到了恒星的化学组成以及恒星内部的物理结构，认识宇宙的科学幻想得到了实现。

第七次大飞跃是时空观的革命。20 世纪初期，爱因斯坦创立了相对论，把时间、空间与物质及其运动紧密联系起来，打破了经典物理学的“绝对时空观”，

图 1.4　星云团收缩、分层形成了太阳和太阳系

阐述了“引力弯曲”“时间延长”多维时空等超出人类普通哲学思想的科学观念，完成了自然科学的彻底革命。

天文学是自然科学的基础学科，天文学的发展对其他学科有促进作用。

观测数据的处理，天体位置的确定都需要数学。牛顿就是在研究天体运动时发现了万有引力定律，建立起经典力学体系；海王星的发现证实了万有引力定律；水星凌日、黑洞、日食的观测验证了广义相对论；物理学中极端条件下物理规律的验证只能依赖宇宙的环境。

氦元素（He）最早就是在太阳大气中发现的。研究宇宙中气体和尘埃的相互作用，可以揭晓元素形成的机制。地外文明的探索，天文生物学、地外生物学等学科的兴起，都说明了生物学与天文学的密切联系。

与天文学最密切相关的就是气象学。地球本身也是一个天体，地球大气影响天文观测，从某种意义上说天气决定了观测的成败。例如，大气扰动影响成像质量，大气折射影响观测精度，等等。天文对气象的影响，如地球绕太阳公转形成

了地球上的四季（图 1.5），月球对地球的引力作用形成了海水每天的潮起潮落，等等。

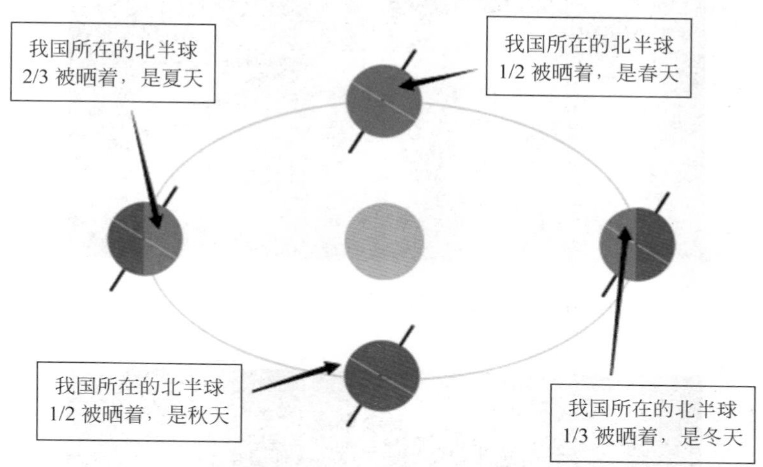

图 1.5　地球绕太阳公转形成四季

天文观测必须依赖天文望远镜，而天文望远镜的发展更是推动了光学、机械和控制技术的发展。天文信息的终端接受设备从肉眼到照相底片、到 CCD，体现了人类获得信息能力的不断提升，对军事技术、航空航天、遥感技术以及人类日常生活都产生了重大的影响。

天文小贴士：世界著名古天文遗址

1. 北京古观象台

北京古观象台（图 1.6），位于北京市建国门立交桥西南角，始建于明朝正统年间（约 1442 年）。它以建筑完整、仪器精美、历史悠久和在东西方文化交流中的独特地位而闻名于世。

从明朝正统年间起，到 1929 年止，在北京古观象台进行观测近五百年，保持着古观象台连续观测的世界纪录。

2. 秘鲁马丘比丘古天文台

马丘比丘古天文台的石塔围着一块精心雕刻过的怪石而建。据说，在冬至这一天太阳升起后，阳光会穿过一个窗口进入石塔（图 1.7）。

图 1.6　位于建国门城楼上的北京古观象台

图 1.7　位于安第斯深山中的马丘比丘古天文台

同时，通过该窗口还可以观测昴宿星团的形状，印加人据此判断何时种植马铃薯。1983 年，马丘比丘古天文台被联合国教科文组织认定为世界遗产，是世界上为数不多的文化与自然双重遗产之一。

3. 墨西哥奇琴伊察天文台

图 1.8 就是著名的“椭圆形天文台”，又称“蜗牛”，得名于圆柱形建筑内部螺旋状的石头阶梯。它坐落在奇琴伊察遗址之上。在天文台的边缘放着很大的石头杯子，玛雅人在里面装上水并通过反射来观察星宿，以确定他们相当复杂且极为精确的日历系统。

图 1.8　玛雅人的奇琴伊察天文台

4. 墨西哥卡斯蒂略金字塔

在奇琴伊察遗址上，还有著名的卡斯蒂略金字塔（图 1.9）。在春季和秋季的昼夜平分点，日出日落时，建筑的拐角在金字塔北面的阶梯上投下羽蛇状的阴影，并随着太阳的位置在北面滑行下降。在金字塔顶端的神庙中，有许多精心雕刻的图案，玛雅人可以据此判断春分、秋分、冬至、夏至的到来。金字塔高 30 米，呈长方形，上下共 9 层。金字塔的台阶总数加上一个顶层正好是 365 阶，代表一年的天数。台阶两侧有宽 1 米多的边墙，北面边墙下端刻着一个高 1.43 米、长 1.80 米、宽 1.07 米的带羽毛的蛇头，蛇嘴里吐出一条长 1.60 米的大舌头。每年春分、秋分的下午，蛇影就会在塔上出现。

图 1.9　卡斯蒂略金字塔

5. 美国怀俄明州古天文台

毕葛红医药轮（Big Horn Medicine Wheel）天文台位于美国怀俄明州医药山的顶峰（图 1.10）。

图 1.10　毕葛红医药轮天文台

医药轮由许多鞋盒大小的石块排列而成，直径大约 25 米。由医药轮圆心指向外围石堆的方向，恰好是夏至时太阳升起的方向。由圆心向周围辐射的线条恰好均匀对称。圆轮、年轮体现了古代美国土著印第安人的智慧。

6. 英国巨石阵

英国巨石阵大约建于公元前 3100 年。它是典型的古代葬礼或祭祀遗址，同时还是天文观测站，用于祭祀、观测、记录天象。一圈高大的石块与一些竖立的巨石形成了一个半开口形状的阵列（图 1.11）。开口方向恰好指向夏至日太阳升起的方向。每年的夏至这一天，“日出奇观”使其成为世界上庆祝一年当中白昼最长一天的最著名景点。阵列排列的沙岩石外环是四季的象征，最外层的 29.5 根石柱代表月相变化的周期 29.5 天。

7. 爱尔兰纽格莱奇墓

纽格莱奇墓大约建造于新石器时代的公元前 3200 年。这种心形的墓堆由 97 块镶边石块围成，镶边石上雕刻有许多谜一般的图案（图 1.12），显示了天文学的古老和神奇。在冬至那天的黎明，会有一束阳光穿过顶部开口射入墓室。随着太阳的升高，阳光充满整个墓室。这一奇特的现象持续 17 分钟左右。一圈 12 块

图 1.11　英国巨石阵

图 1.12　爱尔兰纽格莱奇墓

竖立的巨石围绕着纽格莱奇墓。天文学家们普遍认为这具有明确的天文用途。

8. 柬埔寨吴哥窟

吴哥窟是柬埔寨著名的印度教寺庙（图 1.13）。

图 1.13 是一座建于 12 世纪的苏亚巴马二世陵墓。它不仅是一座寺庙和陵墓，也是一座古老的天文台，庞大的吴哥窟遗址有着明显的天文因素。例如，每年的春分或秋分，站在西大门入口处的人将直接观看太阳从寺庙的中心塔升起。研究人员 1976 年在《科学》杂志上发文说，天文学被认为是古代高棉人的一门神圣的宗教学科。

图 1.13　吴哥窟

9. 埃及阿布辛贝神庙

多年来，埃及阿布辛贝神庙（图 1.14）最里面的四个雕像一直笼罩在黑暗之中。然而，每年的 2 月 21 日和 10 月 22 日，轴向阳光会照射到寺庙。在神话传说中，2 月 21 日的第一缕阳光是埃及法老拉美西斯二世的生日，10 月 22 日的阳光标志着他的王位加冕。

图 1.14　埃及的大金字塔和阿布辛贝神庙

10. 中国河南告成观星台

告成观星台是中国现存最为古老的天文台，是现存最好最完整的古天文台，

坐落于河南登封，始建于 1276 年。观星台高 12.6 米，底部有一面带有雕刻的矮墙，用来观测日影的长度。观星台是砖石混合结构建筑（图 1.15）。台体平面方形，下大上小，呈覆斗状。台北面设两个对称的梯道口，梯道的边沿筑围栏一周，顺砖砌壁，红石压顶并造 60 级石阶，可盘旋登临台顶。

图 1.15　河南告成观星台

第2课　看星空　数星座

漫天的繁星中有 6000 多颗是我们的肉眼能够看见的，我国古代把它们分为三垣四象二十八星宿，西方把它们分列在 88 个星座。天上的亮星都有自己的名字，都有属于自己的星座。

给星星命名，这样的事情很早就有了。在我国古代，天上有“帝星”“太子星”掌握着皇家的命脉；有文曲星、天大将军星、老人星、七姐妹星主宰人间祸福；有牛郎星、织女星、田星，甚至还有鸡星、狗星融入我们的日常生活。古埃及有“尼罗河星”——天狼星，古希腊有“魔星”。可它们怎样才能被认出来呢？我国星宿和西方星座的划分就是为了便于观测和记录它们。

2.1　阅览星空图画

认识星空，我们可以先从书本开始。但是单从书本上或星座图中所得到的知识与形象，并不能使我们真正地认识星空（星座）。88 个星座会在一年中轮流出现在天空中，所以要认识星座并不能仅通过一个晚上的观测，而是要一年四季经常观测，才能和它们成为好朋友。在认识星座之前，有以下几点要注意。

1. 先不要在意天空状况

对于初学者，认星都应该从天上的“亮星”开始。有浅淡的薄云甚至柔和的月光，会将众多的暗星隐藏起来，剩下的就是星座中较亮的主星，也就是我们优先要认识的星星。现在一些城市里有雾霾和城市光害，但对亮星的影响不大。

2. 从北天开始

我国的地理位置在北半球，所以北极附近的星座一年四季大都在地平线上。因此以北天的星座为基准来寻找其他星座会很方便。北斗七星是比较好认的，由它们可以找到北极星。隔着北极星与北斗七星遥相呼应的仙后座的 W 形也很容易找出来（图 2.1）。先认识这两个星座，就能很容易地找出其他星座，再一一进行辨认。

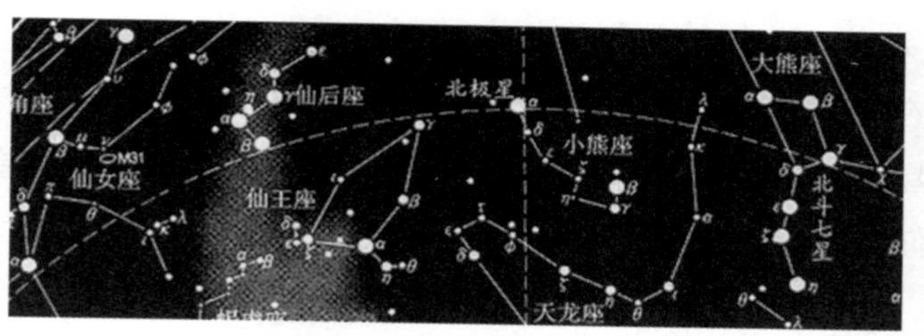

图 2.1　仙后座的 W 形和北斗七星在北极星两边“遥相呼应”

3. 利用几何图形

天上有许多的三角形、四边形、大弧线、延长线等。在冬季由猎户座的参宿四、大犬座的天狼星、小犬座的南河三组成了“冬季大三角”（图 2.2）；夏季由天琴座的织女星、天鹰座的牛郎星、天鹅座的天津四连成了“夏季大三角”（图 2.3）。

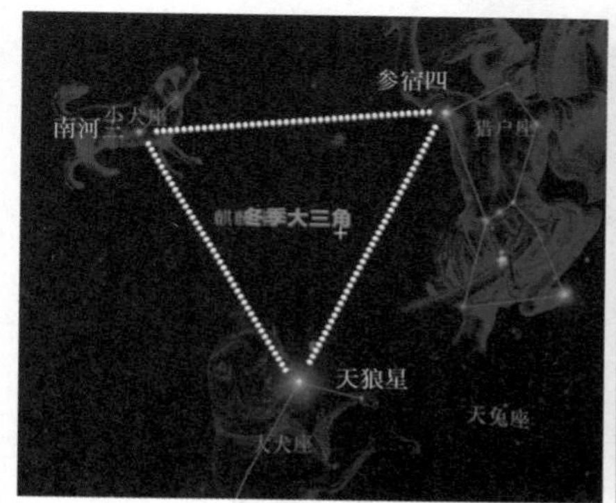

图 2.2　冬季大三角

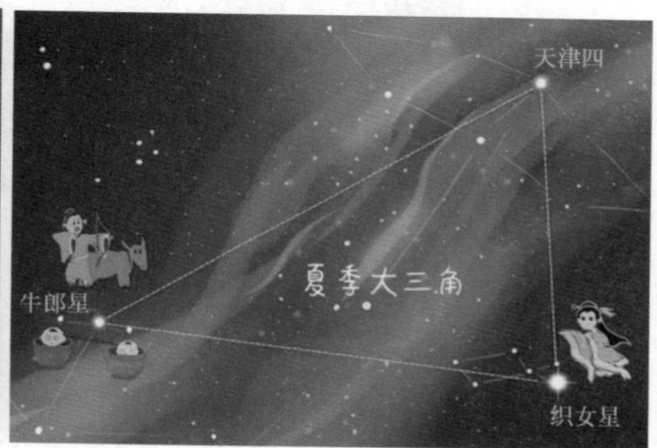

图 2.3　夏季大三角

4. 由大的星座认起

大的星座通常都是亮星较多的星座，它们都有明显的特征。再加上大的星座通常都有神话故事可供参考，有助于形状的辨识与记忆。因此这些星座在认识后也不容易忘记。小的星座则多由暗星组成，既不易寻找，也难以确认其位置与形状，会造成初学者的挫折感而丧失学习的兴趣。

5. 留心大行星的位置

大行星对初学者而言是一种“讨厌”的天体，因为它们会在天球上不停地移动，因此星座图都不会标示行星位置；所以要先了解在你要认识的星座中是否有行星存在，才能顺利地认识这个星座。

6. 手机和星友

建议你在第一次观星时，找一位熟悉星座的朋友从旁指导，这会使你更快地进入美好的星空世界。如果没有“活的”星图，也可以下载诸如“星空”之类的软件来指导你认星。

2.1.1 满天的星星向北斗

我们认星先从北天极（Polaris）附近的星空（图 2.4）开始。首先要确定北极星。北极星即小熊座 α 星，中国星名叫勾陈一。北极星距离我们约 400 光年。它是目前一段时期内距北天极最近的亮星，距极点不足 1 度，因此，对于地球上的观测者来说，它好像不参与周日运动，总是位于北天极处，因而被称为北极星。

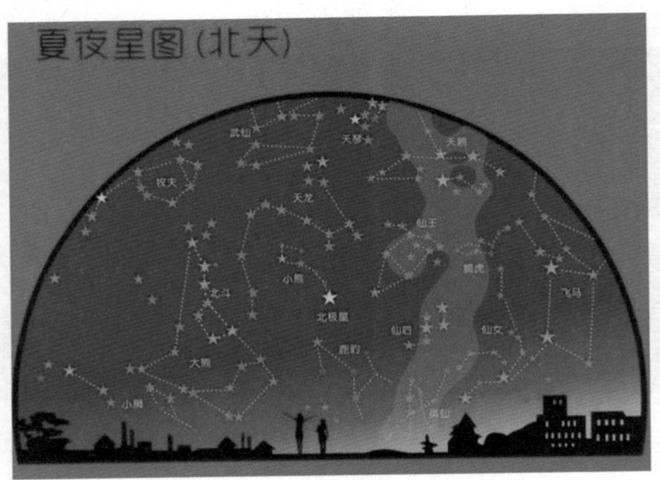

图 2.4　北极星的地平高度角就是观测地的地理纬度

由于岁差，北天极以约 2.6 万年的周期围绕黄天极运动（图 2.5）。在这期间，一些离北天极较近的亮星顺次被授以北极星的称号。公元前 2750 年前后，天龙座 α（紫微垣右枢）曾是北极星。

小熊座 α 成为北极星只是近 1000 年的事。1000 年时，它距北天极达 6°。1940 年以来，小熊座 α 距北天极已不足 1°，而且正以每年约 15″ 的速度向北天极靠拢，预计在 2100 年左右，二者的角距离将缩到最小，只有 28′ 左右。此后，小熊座 α 将逐渐远离北天极，4000 年时，仙王座 γ 将成为北极星，7000 年、10000 年的北极星将依次为仙王座 α（天钩五）、天鹅座 α（天津四），到

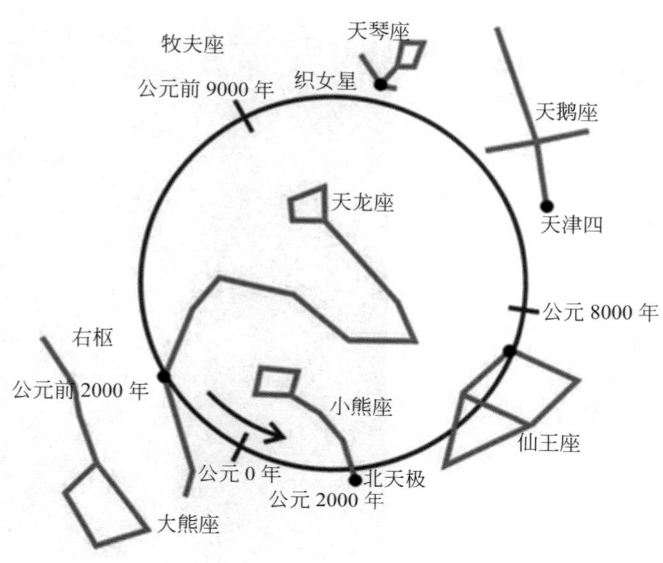

图 2.5　北天极运动路径

北天极逆时针绕黄天极旋转，目前在小熊座，“途经”仙王座、天鹅座的天津四、天琴座的织女星、牧夫座，公元前 2000 年北天极在天龙座 α（中文名右枢），北斗七星在大熊座。

14000 年时北极星将是著名的天琴座 α（织女星）。

确定北极星最简单也是最好的方法就是利用“北斗七星”（图 2.6）。“北斗七星”看上去像个勺子，从勺头边上的那两颗“指极星”（大熊星座的 α 和 β）引出一条直线，它延长过去正好通过北极星。北极星到勺头的距离，正好是两颗指极星间距离的 5 倍。

“北斗七星”在我国古代的星图上位于紫微左垣的近旁。先秦时的“北斗星组合”不是 7 颗，而是 9 颗，第 8 颗、第 9 颗星是斗柄前方的招摇星和天锋星。由于 7 颗星都较为明亮，它们都有自己的名字：天枢、天璇、天玑、天权、玉衡、开阳、摇光（图 2.6 左），西方名为大熊座 α、β、γ、δ、ε、ζ、η。7 颗星中天权最暗，天枢和玉衡最亮。开阳是一颗肉眼可见的光学双星，主星 2.3 等，伴星（我国叫作辅星）4 等。我国古代的占星术中把辅星比喻为丞相之位，可以借助辅星与开阳主星之间的明暗、距离的变化预言天子与丞相之间的关系。

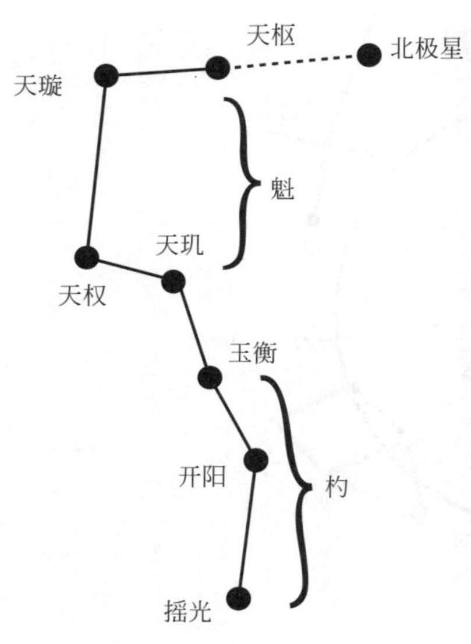

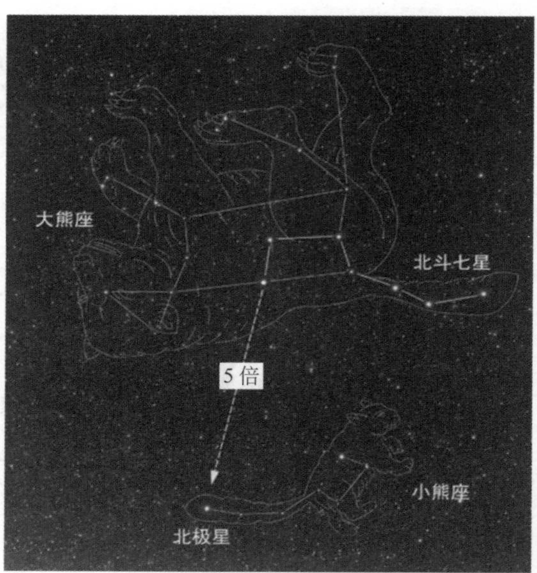

图 2.6　北斗七星（左），利用“北斗七星”找北极星（右）

北极星所在的小熊星座像一个“小号”的“北斗七星”，两者之间斗口（图 2.6 右）是相对的。看上去小熊是要“扑向”“大熊妈妈”。

小熊头顶着的就是长长的天龙座。天龙座 α 的亮度是 3 等，它因曾经是北极星而十分著名。在公元前 2800 年古埃及建造的一个大金字塔中，建有一条 100 多米长的隧道，其指向就是当时的北极星天龙座 α，据说这个通道是留给法老的，以供他的灵魂升天之用。

有趣的是，天龙座的主体就是我国星座体系中紫微垣的左垣和右垣，其中包括了“天棒星”和“天厨星”，天棒是武器，天厨则是天上的厨房，分别是天皇的保安和厨子。在天厨星边上还有“内厨星”，显然那里是宫内人的厨房。天龙座 α 和 ε 分别被命名为“右枢”和“左枢”，实际上公元前 3000 年前后“天轴”就是在它们之间穿过的。

沿着天龙尾巴的两颗星的方向，就可找到大熊星座的脖子，脖子上的那颗星在我国非常有名，它就是天上的“文曲（昌）星”（图 2.7），是文魁之星。“文曲星”上面的“文昌一”和另外两颗星构成了大熊的头部三角形。文曲星也可以连线天枢（大熊座 α）和天权（大熊座 δ），然后向“熊头”方向延长一倍半的距离找到。

大熊星座 ν 星在我国是著名的“三台星”中的“下台”。沿此向斜上方望去

就是“三台星”中的“中台”，那里是大熊的另一条后腿。大熊的前腿则是“三台星”中的“上台”。“三台星”在中国占星术中有着显著的地位。

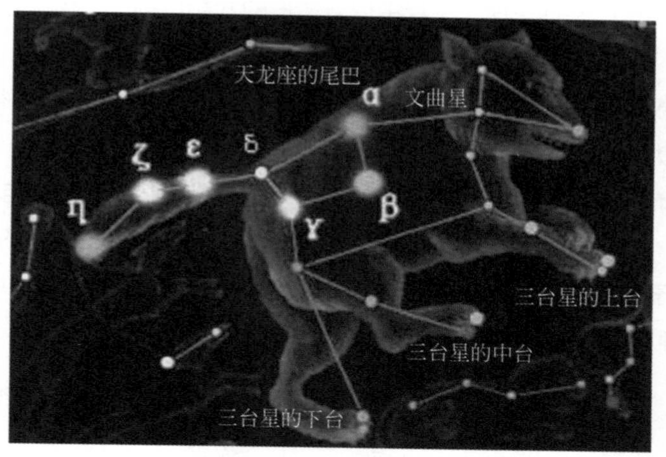

图 2.7　大熊星座中的“文曲星”和占星术中的“三台星”

“北斗七星”可以用来找到北极星。可是，当冬季来临时“北斗七星”大部分时间是在接近地平线的位置，很难找到。那我们如何去找北极星呢？可以将仙后座 δ 和 γ 星连线的垂线延长 5 倍，那里就是北极星（图 2.8 左）。或 β 和 η 星的连线延长，然后与 γ 星连线，并延长 5 倍，也可认出北极星。仙后座（图 2.8 右）在秋冬季的黄昏上中天，5 颗主星都是 2 等星或 3 等星，明亮、好认，可以作为初学者认星的开始。

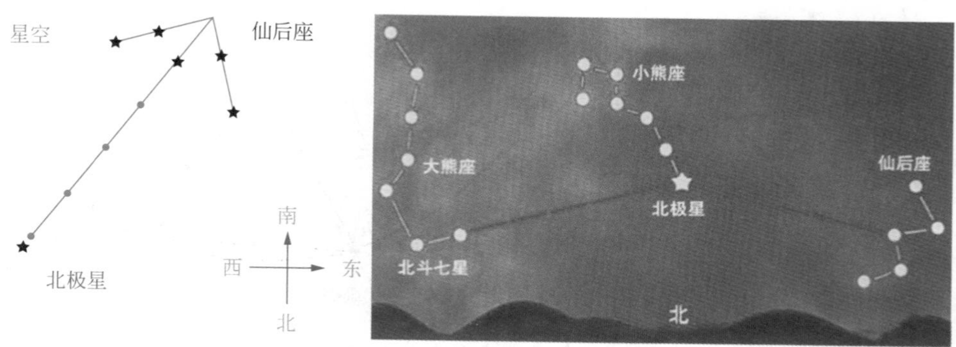

图 2.8　利用仙后座的 W 形确定北极星

在我国古代仙后座 γ 叫“策星”。占星术叙述“策星”会有明、暗的变化。

而且当“策星”变明时还会有很亮的芒角出现，预示着将会有战事发生。实际上，“策星”是一颗星等在 1.6 ~ 3 变化的“食双星”，所以会有明暗变化。

紧挨仙后座的是仙王座。主星由似五边形的 5 颗星构成，传说它就是国王居住的小屋。从仙王座再转过去，就是在与“天龙”对峙的武仙座了。北冕座是插在武仙座和牧夫座之间的一个小星座。但它处在“王室”成员中，就显得尤为珍贵。北冕座被认为是镶嵌着 7 颗宝石的美丽冠冕。7 颗星呈半圆形排列，开口向着北天极方向。而在我国古代的星图中北冕座的 7 颗星代表的是牢狱，与其相应的在“北斗七星”的下面还有一个“天牢”，7 颗星被认为是连贯在一起的绳索，所以星名叫“贯索星”，“贯索”就是牢狱的意思。星相学中也因为贯索星中存在变星，用来推算牢狱中犯人的数量，判断是否天下太平。

2.1.2　四季星空

春天的星空里最引人注目的就是狮子座（春天标识性星座）。找狮子座要先找春季大弧线和春季大三角（图 2.9）。沿着“北斗七星”斗柄两颗星的弧线向南画下去，你会看到两颗亮星，“大角星”牧夫座 α 和“角宿一”室女座 α 。把两颗星连线，然后在它们的右边可以找到“五帝座一”狮子座 β 星，三颗星就组成了春季大三角，它几乎是一个标准的等边三角形。

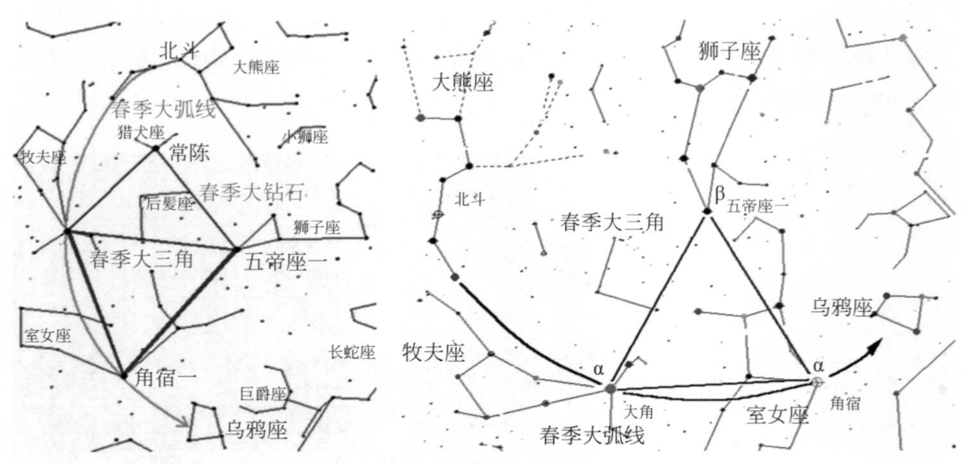

图 2.9　春季大三角和春季大弧线

狮子座前面是巨蟹座（图 2.10），它们都属于黄道星座。在蟹壳的中央，有一个白色云雾状的天体（望远镜观察为疏散星团），这就是鬼星团，我国叫“积尸气”，是天上放尸体的地方，星占学中为主死丧之星；西方人则是通过对它明暗变化的观察，判断是否下雨。狮子座的后面是另一个黄道星座室女座。“角宿一”室女座 α 在我国古代有着重要的意义，它是南方朱雀和东方苍龙的分界点。

图 2.10　春天的星空

春季星空中最壮观的就是长蛇座了。长蛇座是全天 88 个星座中最长的一个，它的头在狮子座西面，弯弯曲曲，尾巴一直盘到室女座的脚下，赤经跨度超过 102°，几乎从东到西横贯了整个南部天空。这条蛇虽然又大又长，但其中没有什么亮星，真像一条在草丛中神出鬼没的毒蛇，很不起眼。

认识夏季星空（图 2.11），我们最好从夏季大三角开始。我们可以借助北极附近的星空找织女星。天龙的头和武仙示威用的棒子对准的就是织女星。夏天的银河是东北—西南走向，天琴座在银河的北岸，与它隔河相望的（南偏东）就是牛郎星所在的天鹰座。从牛郎星竖直向北（略偏东）的银河中的一颗亮星，就是夏季大三角中的最后一颗星——天鹅座 α（天津四）。

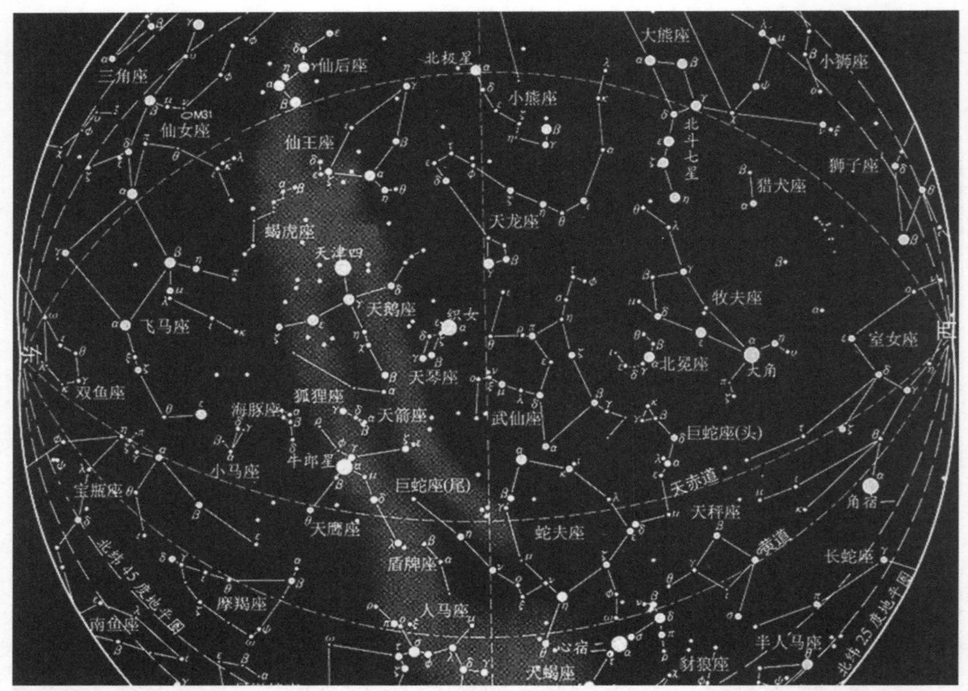

图 2.11　夏天的星空

在天鹰座和天鹅座之间，有好几个“小动物”——小马座、海豚座和狐狸座，在天鹅座尾巴上还跟着一个蝎虎座。我们称这一区域为“小动物天区”。从春季星空中的室女座的脚和长蛇座的尾巴向东，就能看到天秤座，它也是黄道星座之一。天秤座的东面就是十分壮观的天蝎座（图 2.12）。不过，在我国长江流域以北的地区完整地看到它比较困难。天蝎座的特点是有著名的“红星”天蝎座 α（心宿二，也叫“大火”），另外就是星座中有两组很好认的“三连星”，它们分别构成了蝎子的心脏和前爪（蟹螯）。

人马座（图 2.13）也是黄道星座（也被称为“射手座”）。夏夜，从天鹰座的牛郎星沿着银河向南就可以找到它。人马座中的 μ、λ、φ、σ、τ、ς 六颗星，也组成了一个勺子形状，勺子最前端的 ς 和 τ 两颗星指向牛郎星，我国古代把它们称为“南斗”。

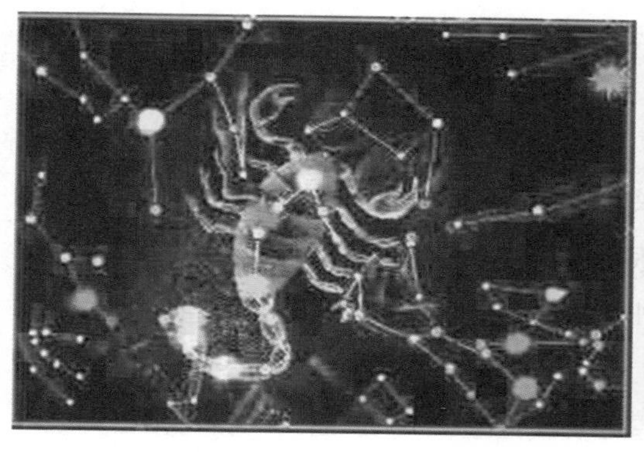

图 2.12　天蝎座

图 2.13　人马座

认识秋季星空（图 2.14），我们从飞马座开始。在天鹰座和天鹅座的东边就是飞马座。

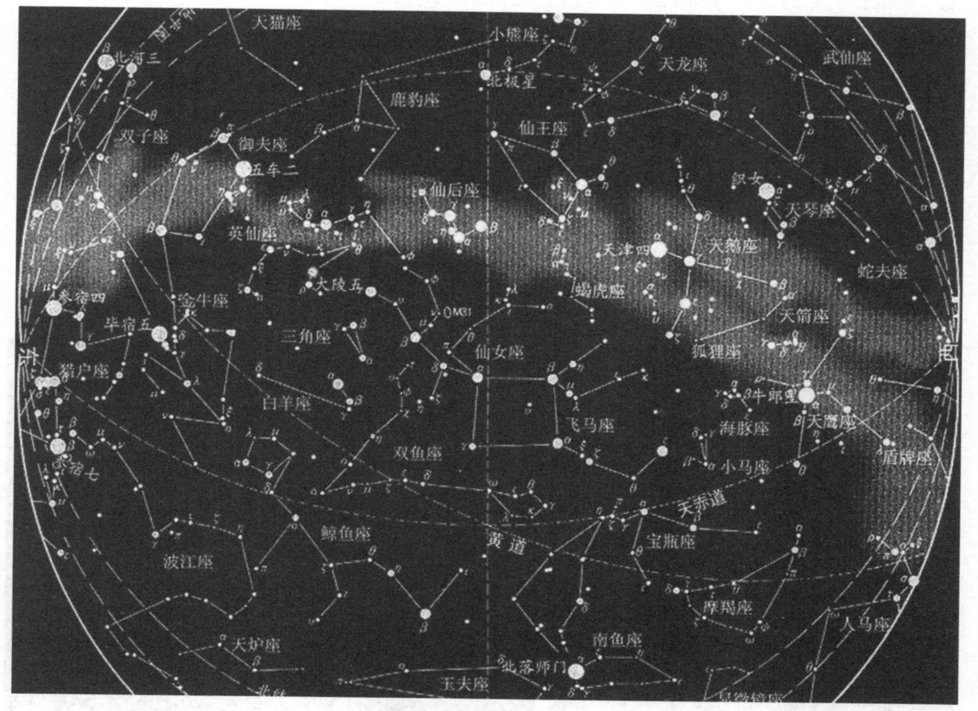

图 2.14　秋天的星空

秋季大四方是由飞马座的 α、β、γ 三颗星和仙女座的 α 星构成的，这四颗星除了 γ 星为 3 等星外，其他都是 2 等星，在天空中非常醒目。更重要的是，每当秋季飞马座升到天顶的时候，这个大四边形的四条边恰好各代表了一个方向，简直就是一台“天然定位仪”。

通过秋季大四方我们还能找到不少的亮星。例如，连接飞马座 γ 和仙女座 α，延长 4 倍远就可以找到北极星。同样，连接飞马座 α 和 β 延长到 4 倍也可以看到北极星。在秋天，北斗七星在北方很低的天空，在我国南方有时会看不到。所以，可以通过秋季大四方找北极星。另外，从飞马座 γ、仙女座 α 一直到北极星这条线正在赤经 0° 线附近。

飞马座的东边，天河的边上就是仙女座（图 2.15）。仙女的右臂和右脚之间就是著名的“仙女座 M31 大星云”。仙女座向东就是英仙座，英仙座除了夏夜著名的流星雨之外，就是大陵五了。大陵五是英仙座的 ρ 星，西方人又称它是“魔星”美杜沙。它的亮度会变，每隔 2 天 20 小时 49 分钟，它的亮度就从 2.3 等变到 3.5 等，然后再变到 2.3 等变化一个周期。忽明忽暗，真的就像是一颗神秘莫测的魔眼。

紧跟人马座的为摩羯座、宝瓶座和双鱼座。摩羯座 α 星也叫牵牛星，是二十八星宿中的牛宿。就是牛郎养的那头老牛。它是颗双星，而每颗子星又分别是三合星。所以，牵牛星是颗六合星。

把飞马座的 β 和 α 向南延伸到一倍半远的地方，那里就是宝瓶座。宝瓶座流出的玉液琼浆就是进了南鱼座 α，它的星等为 1.2 等，是全天第十八亮星，天上的“四大天王”之一。图 2.16 的“春分点”就在双鱼座内。在南鱼座的下面还

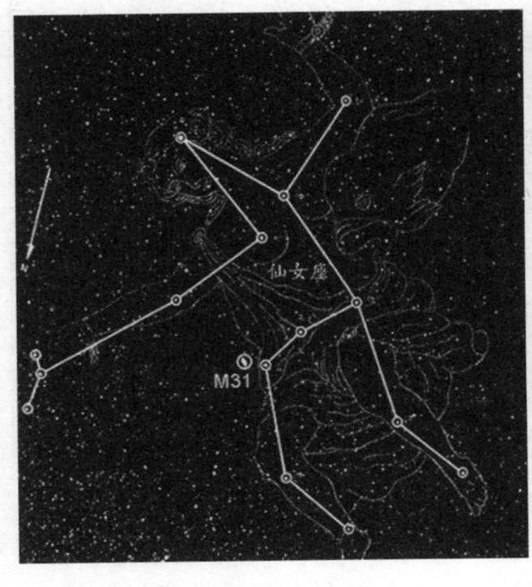

图 2.15　仙女座和仙女座 M31 大星云

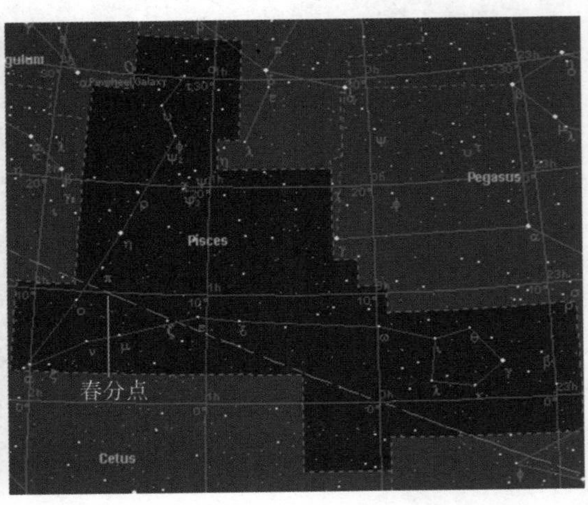

图 2.16　双鱼座和春分点

由东向西排列着 3 个小星座，它们是天炉座、玉夫座和显微镜座。

冬天的夜晚星光灿烂，冬季大三角、冬季巨型六边形遥相辉映，而且全是由 2 等以上的亮星构成，其中包括全天最壮观的猎户座（图 2.17）和全天最亮的“天狼星”。

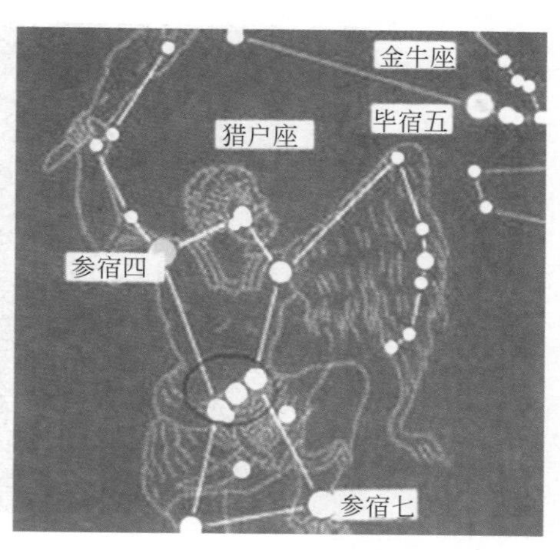

图 2.17　猎户座对应毕宿五

认识冬季星空（图 2.18）一定要从猎户座开始，因为它的“腰带”是一个好认的三连星。每年一月底二月初晚上八点多的时候，猎户座内连成一线的 δ、ε、ς 三颗星就高挂在南天，所以有句民谚说“三星高照，新年来到”。在猎户的脚下就是天兔座（图 2.19）。

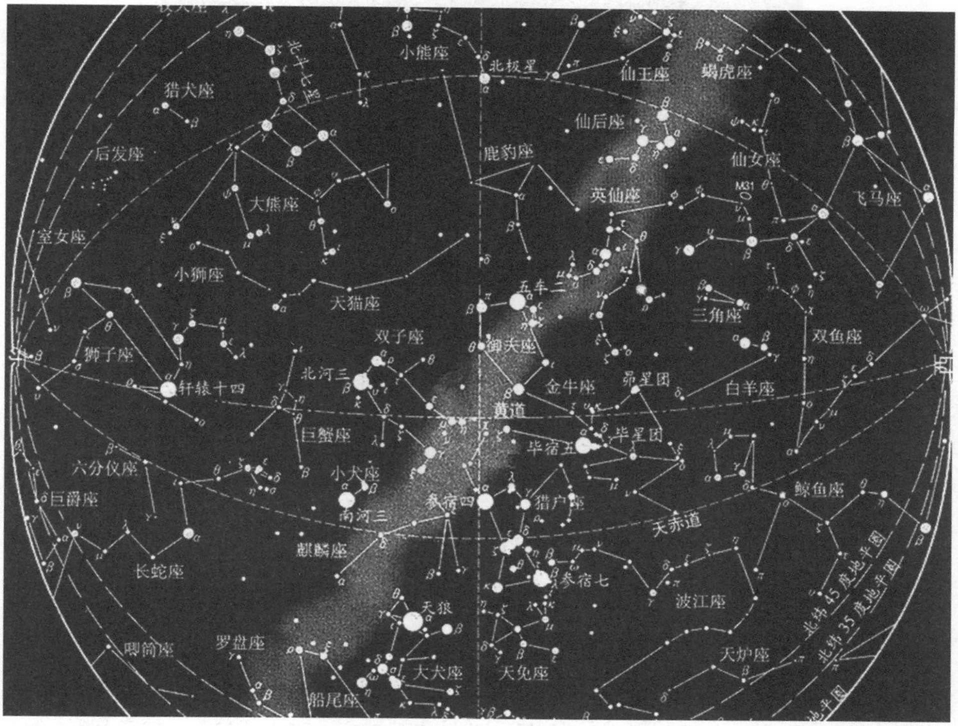

图 2.18　冬天的星空

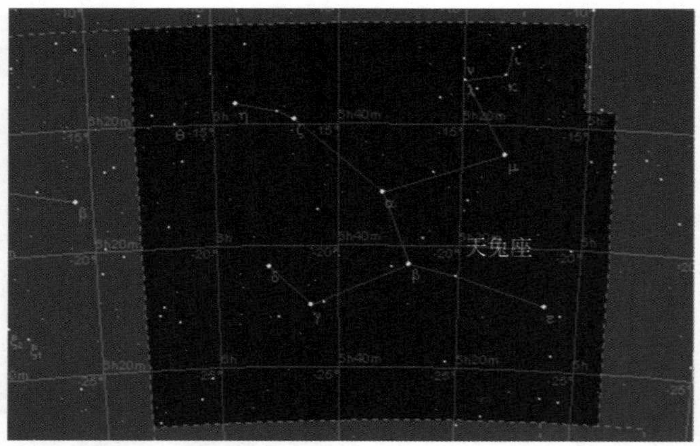

图 2.19　天兔座

沿着冬季巨型六边形（图 2.20）走过去，天兔座的东边依次是大犬座、麒麟座和小犬座。

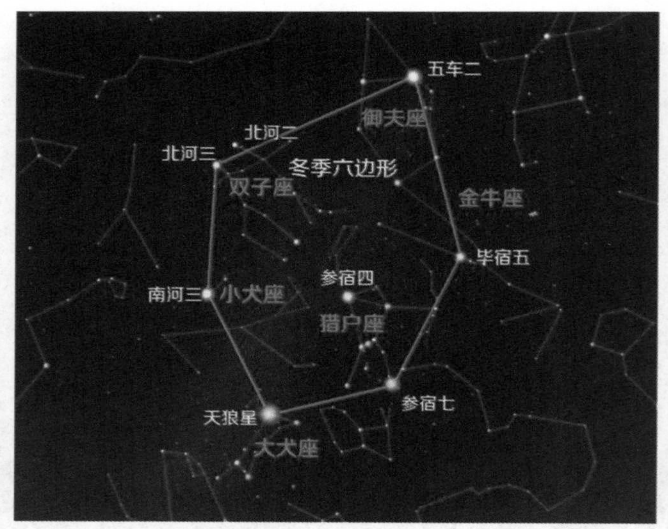

图 2.20　冬季巨型六边形

冬季大三角向上是一个黄道星座双子座，双子座 β（北河三）属于冬季巨型六边形。沿着双子座 α 和 β 两星的连线向西北约 3 倍远的地方，是御夫座 β（五车三），它的斜下方就是冬季巨型六边形之一的御夫座 α（五车二）。如果把冬季巨型六边形看成一个巨型橄榄球的话，那么御夫座 α 和大犬座 α 就是橄榄球的

两个尖。猎户座 β（参宿七）、金牛座 α（毕宿五）和小犬座 α（南河三）、双子座 β（北河三）就是巨型橄榄球的两边。

金牛座也是黄道星座，毕宿五是黄道带的“四大天王”之一（其他为南鱼座的北落狮门、狮子座的轩辕十四和天蝎座的心宿二）。

从秋季大四方北面的两颗星引出一条直线，向东延长一倍半的距离，就可以看到白羊座。白羊的腿正压着鲸鱼座的头，鲸鱼座是全天 88 个星座中仅次于长蛇座、室女座和大熊座的第四大星座。

波江座是全天第六大星座，它起始于猎户座和鲸鱼座之间，弯弯曲曲向南延伸，一直流到赤纬 −50° 以南。波江座的源头是波江 β 星，它紧靠着参宿七（猎户座 β）向南流去，上游是 ω、μ、ν、ο 到 γ；中游从 γ 到 π、δ、ε、ς、η、τ1、τ2、τ3、τ4、τ5、τ6、τ7、τ8；下游是 υ1、υ2、υ3、υ4、g、h、θ、ι、κ、φ、χ 直到 α 星，那里已差不多是南天极了。

2.2　星座的划分

星座的知识，严格来说并不属于天文学的范畴。它更可以称为一种文化，而且是一种娱乐性的文化，反映了人类认识大自然从直观、象形到科学描述其存在的发展过程。

2.2.1　星座的来历

古代的巴比伦人最早将天空分成了许多区域，称之为“星座”，每一个星座由其中的亮星的特殊分布来辨认。

后来，古希腊人把所能见到的部分天空划分成 48 个星座，用假想的线条将星座内的主要亮星连起来，把它们想象为人物或动物，并结合神话故事给它们取了合适的名字，这就是星座名称的由来。

南天的星座是到 17 世纪环球航行成功后，经过航海家的观察才逐渐确认下来的。

1928 年，国际天文学联合会（IAU）公布了全天 88 个星座的方案，并且规定星座的分界线大致用平行天赤道和垂直天赤道的弧线来划分。

这些星座，分布在天赤道以北的有 29 个，横跨天赤道的有 13 个，分布在天赤道以南的有 46 个。

中国古人最早把星空分为中宫、东宫、西宫、南宫和北宫五个天区。隋代以后，星空的区域划分基本固定，这就是我们常说的三垣四象二十八星宿（图 2.21）。三垣就是天上的 3 座城堡（5 宫中的中宫），由紫微垣、太微垣和天市垣组成，分别表示皇宫、政府和天上的都市。太微垣中的星星多以朝中官员和场所来命名，天市垣的星名均以与皇帝有关的人员、各诸侯国的地名以及某些货币的名称命名。

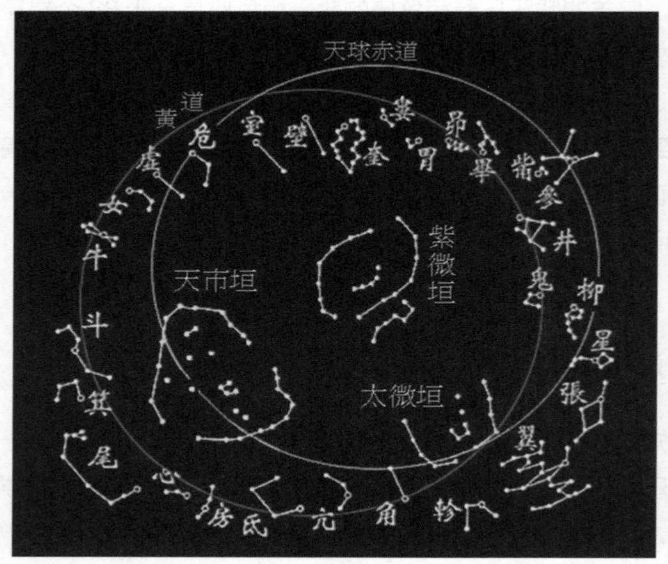

图 2.21 中国星空分布

四象即“东方苍龙”“西方白虎”“南方朱雀”和“北方玄武”。大约在 7000 年前，中国古人已经把星空划分成龙和虎两大区域了，后来逐渐形成了四象（中宫以外的 4 宫），后来又把每一象各分为七段，每一段叫“宿”，共二十八宿。二十八宿在天空中的位置就是针对月球在天上运动的轨道。月球绕地球运转一周是 27 天多，一天恰好经过一宿。古人在每一宿里都命名了星官，方便观测定位。这些星官就是二十八宿的代表星。中国古人就是根据这些制定历法的。

2.2.2 一直就是 88 个星座吗

最早的星座是巴比伦人的 10 个星座，后来过渡到黄道十二星座。由于星座中动物较多，所以，人们称之为“动物圈”或“兽带”。

巴比伦人的星座划分传入了希腊。希腊的文学历史著作中又出现一些新的星

座名称：猎户、小羊、七姐妹星团、天琴、天鹅、北冕、飞马、大犬、天鹰等。

公元前 270 年，希腊诗人阿拉托斯的诗篇中出现的星座名称已达 44 个。到 2 世纪，在托勒密的《天文集》中，有了 48 个星座。

这 48 个星座一直流传了 1400 多年之久，直到 17 世纪，星座才又有了新发展。航海事业使人们得以观测南天星座。在原有的 48 个星座的基础上，又增加了 37 个星座。

星座中的亮星都是以希腊字母或阿拉伯数字按其亮度来编号的。用希腊字母命名恒星是巴耶尔的创造，用阿拉伯数字给恒星命名则是约翰 · 弗拉姆斯蒂德始创。亮星命名先使用希腊字母，后面延续时用阿拉伯数字。

星座的命名一度“失控”，最多时达到 130 个。1928 年国际天文学联合会正式公布星座 88 个，北天 29 座、黄道 12 座、南天 47 座。

88 星座的名称，有一半包含了美索不达米亚、巴比伦、埃及、希腊的神话与史诗，另一半（大部是在南半球）是近代才命名的，经常用航海的仪器来命名。

沿黄道天区 12 个星座为：白羊座、金牛座、双子座、巨蟹座、狮子座、室女座、天秤座、天蝎座、人马座、摩羯座、宝瓶座、双鱼座。

北天 29 个星座为：小熊座、大熊座、天龙座、天琴座、天鹰座、天鹅座、武仙座、海豚座、天箭座、小马座、狐狸座、飞马座、蝎虎座、北冕座、巨蛇座、小狮座、猎犬座、后发座、牧夫座、天猫座、御夫座、小犬座、三角座、仙王座、仙后座、仙女座、英仙座、猎户座、鹿豹座。

南天 47 个星座为：唧筒座、天燕座、天坛座、雕具座、大犬座、船底座、半人马座、鲸鱼座、蝘蜓座、圆规座、天鸽座、南冕座、乌鸦座、巨爵座、南十字座、剑鱼座、波江座、天炉座、天鹤座、时钟座、长蛇座、水蛇座、印第安座、天兔座、豺狼座、山案座、显微镜座、麒麟座、苍蝇座、矩尺座、南极座、蛇夫座、孔雀座、凤凰座、绘架座、南鱼座、船尾座、罗盘座、网罟座、玉夫座、盾牌座、六分仪座、望远镜座、南三角座、杜鹃座、船帆座、飞鱼座。

2.3　你是什么星座的

星相学，中外皆有，是伴随着人类文明的产生和发展而起源和流传的一门古老的“学问”，或者说是“技艺”。但它不属于科学，究其原因，首先它不能被社会和自然所验证；其次，它所赋予的各种理论解释，均来源于人的主观思维，无

法像科学理论一样可以应用于生活和实践；最后，也是最重要的，星相学的起源，包括它的繁盛，都得益于人们对大自然、对社会法则的认识不足，解释不清。所以，随着科学和社会的进步，它当然会越来越失去它原有的市场。

2.3.1 天文学与星相学

那么，人们肯定就会问：既然不是科学，为什么它还流传了好几千年呢？它不是科学，但它是一种文化，就像唱歌跳舞一样，给人们带来“消遣”，当然会有人需要了。

星相学在西方和“占星术”是通用的。在中国，星相学通俗的说法是“占卜算命”。西方的星相学和天文学“同源”，而我们的占卜算命属于“术数”一类，基本上来源于祖先的生产生活实践。

人类的直系祖先于 15 万年前从非洲大草原走出，逐渐分布到世界各地。约 1 万年前，人类进入农业定居社会。出于追逐野兽和采集食物的需要，人们注意到了自然节律，特别是草木生长、动物繁衍与日月星辰的运行之间的关系。与其他被动适应大自然的物种不同的是，人类特有的好奇心促使人们追问世间万物之间的关系，尤其是明亮的日月星辰对地上事物的影响。

风、雨水、阳光都能决定（影响）农作物和牧畜的生长繁殖，光芒四射的太阳、神秘的月亮、周天“巡游”的行星应该能够告诉（影响）我们更多的东西。

更何况，星相学和天文学真的是同根同源的。它们的研究对象都是天体（天象），都需要观察、解释。古希腊时代，天文学大师托勒密便提出，星空中的科学分为两大类：理论性的和实用性的。7 世纪，被称为“圣师”的圣依西多禄正式为两个部分分别命名，理论性的一支命名为天文学（astronomy），实用性的一支命名为占星术（astrology）。相同的 astro 词根有不同的后缀，有趣的是后缀 nomy 有规则、法理的意思，而 logy 则是演讲、言语的意思。

2.3.2 黄道 12 星座

黄道 12 星座或黄道 12 宫都属于星相学中的提法，它和天文学中的黄道 12 星座不是一回事。它们是把全天 360 度 12 等分，每一宫占 30 度；而天文学的黄道星座则是实际测量。

星相学认为，每个黄道宫各与人体的某个部位有关系，例如，白羊宫主头，

狮子宫主心，巨蟹宫主胃，天蝎宫主阳具，双鱼宫主脚等。而游弋的行星会影响黄道各宫，例如火星位于星相图的白羊宫里，便意味着星相图的主人可能会一生被头疼困扰（星相学中火星有侵扰的作用）；天王星若在巨蟹宫，就可能给人带来胃痉挛。中世纪的大多数医生都相信这一套，并照此行医。

黄道 12 宫还与古人设想的四种元素（土、火、气、水）及冷、热、干、湿相关。古人认为，不同的游星和不同的金属相对应，如太阳对应黄金，月亮对应白银，水星对应水银等。

在古人看来，国脉是靠黄道宫和游星（行星）支持着的。一个人的外表体征（如身材、发色、虹膜的颜色）也可在星占图中作为细节情况表示出来，就连整个种族的体征，也都是由对应于该种族的黄道宫和游星所确定的。

星相学占星的根据，是古人定下来的。不过，它们并不是在对成千上万的人进行了统计调查的基础上得出的。在那么早的时候，统计学还没有产生呢。

相解规则是从象征意义出发的，即根据建立在游星和同名神祇，以及建立在星座及对应的动物或人物之间的虚幻联系定出的。要想证实这一点，不妨去翻阅一下占星术的权威性著作——托勒密的《四典》。托勒密是天文学家，也是最有影响的占星术士之一。他把当时积累起来的占星术知识归纳成《四典》。西方的占星学说几乎完全脱胎于这四本书，或脱胎于这四本书的占星学说。

从真实的运动来看太阳通过某一黄道宫所需要的时间，你会发现，说太阳通过 12 宫的每一宫的时间相等，不符合事实。太阳只需 6 天就可通过摩羯宫，而要足足花费 45 天才能通过室女宫。

而且，岁差的作用使得日历上的日期与黄道 12 宫早已脱离了联系。举个例子：那些相信自己属于狮子宫的人，应该出生在 2200 年前（喜帕恰斯发现岁差效应的时代），因为现在太阳通过狮子宫是从 8 月 10 日至 9 月 15 日，而不是 7 月 23 日至 8 月 22 日，而太阳通过摩羯宫是从 11 月 23 日至 11 月 28 日，而不是 12 月 22 日至 1 月 19 日。

愿意相信黄道 12 宫的人至少应该关心自己属于哪一个“正确”的宫吧。实际上不论如何关心也无济于事，因为宇宙中所包含的力，从最强的到最弱的，我们都已发现并研究了。如果存在一种神奇的力，能让恒星和行星通过极其遥远的距离来决定我们的未来，我们也早该探测到了。可是，怎么偏偏让古人抢占了先机呢?

天文小贴士：奇异天象的科学解释

1. 蓝月亮

这并不是指月亮突然有一天就变成了蓝色（图 2.22），而是指当一个月出现两次月圆之夜时，第二个满月就称为“蓝月亮”。“蓝月亮”只是对特殊月相的一种称呼，不是奇异现象。人们说的 bluemoon 是形容一个月出现两次满月这种“罕见、不常发生的事情”。英语中，短语 once in a bluemoon 意为“千载难逢”。

图 2.22 “蓝月亮”

根据历法计算，满月每隔 29.5 天出现一次，公历历法中每个月的时间大月为 31 天，小月为 30 天，这就出现了一个时间差，导致一个月可能出现两次满月。平均来说，每两年半出现一次“蓝月亮”。

2. 双星伴月

这是一种很容易出现的天空现象。五大行星都是目视可见的，而且，它们和月亮一样都是运行在黄道附近，当其中的两颗大行星出现在月亮附近时（图 2.23），这种现象就会被我们看到。尤其是在“月牙”的时候，明亮的大行星衬托着弯弯上翘的月牙，似乎是在对我们微笑。

图 2.23　双星伴月

3. 月虹

你看过在月光下出现的彩虹吗？它又被称为黑虹（图 2.24）。也就是说彩虹不仅仅是白天才会出现。在月亮的光照下，大气折射使得彩虹也会出现。但它出现的概率比较小，再加上夜晚的视线又比较模糊，所以月虹看上去就非常朦胧，不易被看到。

图 2.24　月虹

出现月虹要具备三个条件：①月亮的地平高度得低于 42°；②地面上的可视光线要弱一些；③观测角度与月球相对的方向要下雨。人们发现月虹出现概率更高的时候是满月时。

4. 血月

或许很多人会认为红色的月亮（图 2.25）是非常容易见到的，但从理论上来讲，全部充满着红色的月亮是非常难得的。古书中这样记载血月：月若变色将有灾殃。古人认为血月是不祥之兆。但实际上月球本是皎洁的银灰色，而它之所以会出现血色是因为遇上了月全食。

图 2.25 血月

红月亮和早晨、傍晚的红太阳有相似的原理，从视觉上来看，月球反射了太阳的光线才会显得全身偏红。这是一种非常客观的天文表现，懂得月全食的原理，学习过地球大气的折射、散射现象，就不会觉得惊奇。

5. 两月相承

《资治通鉴》中写道：两月相承晨见东方。意思是从视觉上来看，好像天空中突然出现了两个月亮（图 2.26）。这听起来特别奇怪，也违背了人们的认知，其实，这是地球的大气层造成的，原理类似海市蜃楼。那么为什么古人会坚信两月能同时出现呢?

事实上地月系中是没有两个月亮的，但因为我们生存的环境中各地区湿度不同，对于月球所造成的折射率也会出现差别，自然就会出现不同的折射反映，所以两月相承是一种非常正常的自然现象。

图 2.26　两月相承

6. 白虹贯日

一道白色的长虹竟然穿过了太阳（图 2.27），神奇的太阳被“贯穿”了？人们认为这种变异的天象可能预示着灾害，星相学将其定义为君主将会遇害。但实际上那种白光不是虹，而是一种晕，是一种大气光学折射后的表现。

图 2.27　白虹贯日

7. 日夜同出

日夜同出的罕见天文现象其实也会出现，因为太阳降落在地平线以下的时候，阳光依旧具有强大的照射作用，并且阳光还能闪射到较高的大气层（图 2.28）。

图 2.28　大气条件许可时落山的太阳会照亮高层的大气

在光学折射原理下，夜空中似乎就出现了另一个太阳的海市蜃楼，这种假象便叫作日夜同出。

8. 三日并出

在传说中后羿射下九个太阳，带给民间百姓一个幸福安康的生活。但在天文现象中，人们也曾看到过三个太阳同时出现的画面。

不过在太阳系中，我们就只有这么一个恒星，所以三日并出（图 2.29）只是一种视觉效果，这依然是太阳光在大气折射下产生的一种视觉误差。

图 2.29　三日并出就像阳光洒在水面上

9. 九星连珠

传说九星连珠能够帮助现代人完成穿越，但实际上这种罕见的天文现象千百

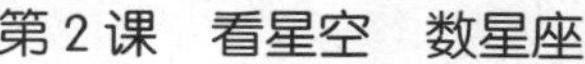

年来也只出现了一次。

天象记录表明，7 颗大行星连在一起的情况 300 年来也才只有一次，那么九星连珠就更加罕见了。图 2.30 为五星连珠的照片。

图 2.30　木星、火星、土星、金星、水星自上而下排列在一起

第3课　协调时间　阴阳历法

初识星空，我们给出的是亮星的位置、星星之间的相互关系。作为天文学家要给出全天的星图星表，需要有准确的时间、历法来做观测的基础。

3.1　天上的点、线和面

观测天上的星星，给它们定位，就需要有一个起点和尺度标准。为便于研究天体的位置和运动，引入了一些点、线和面。

3.1.1　天球

天球（图 3.1）是为便于研究天体的位置和运动而引进的假想圆球面。天球中心可根据情况而任意选取，如观测者、地心或日心等；天球的半径为任意长，可以认为是数学上的无穷大。通过天球中心与天体的连线（如观测者的视线）把天体投影到天球面上，该点就是天体在天球上的位置。天球有助于把天体方向之间的相互关系转化为球面上点与点之间的大圆弧段。通过在天球上建立参考坐标系并应用数学的方法就可以对这些关系进行研究。天球上的方向，以地球自转为基础，是地球上方向的延伸。例如，和地球上经线相对应的是南北方向，和地球上纬线相对应的是东西方向。

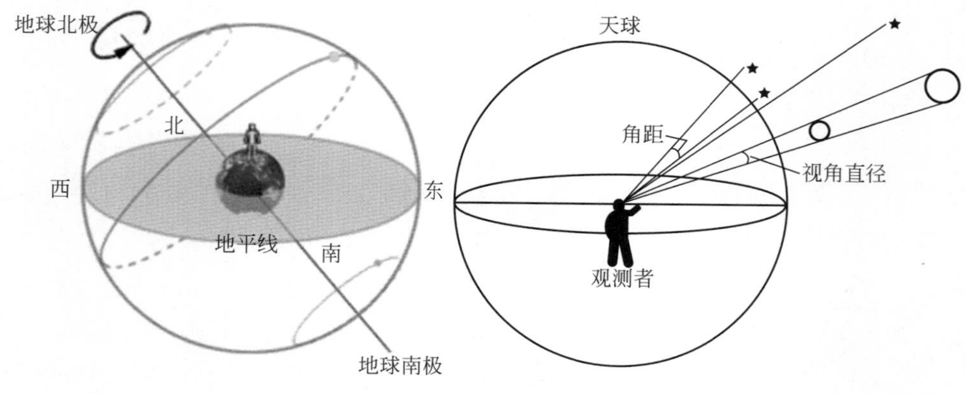

图 3.1　天球

在天球上只有角距离(用角度来量)，量度的是天体之间方向上的夹角。例如，织女星和牛郎星，相距为 16.4 光年，在天球上，它们相距为 35°。

3.1.2 天球坐标系

有了地理坐标系，便可以确定地面上任一地点的位置。为了确定和研究天体在天球上的位置和运动规律，人们规定了天球坐标系。根据不同的用途，有不同的天球坐标系。经常采用的天球坐标系有地平坐标系、赤道坐标系和黄道坐标系等。

1. 地平坐标系

以观测者为天球中心（图 3.2），过天球中心并与过观测者的铅垂线相垂直的平面称为地平面，它与天球相交而成的大圆称为地平圈。过观测者的铅垂线向上与天球的交点称为天顶，向下称为天底，天顶是地平圈的极，也是地平坐标系的极。经过天顶的任何大圆称为地平经圈或垂直圈；与地平圈平行的小圆称为地平纬圈或等高圈。

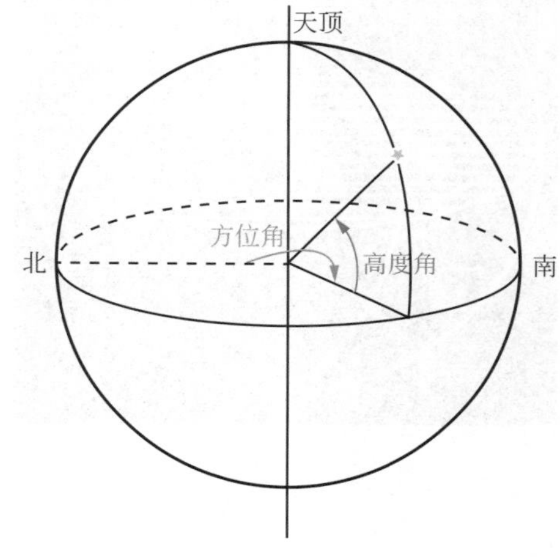

图 3.2 地平坐标系

过北天极的地平经圈称为子午圈（午圈），它与地平圈相交于北点和南点。天体运动经过子午圈时称为“中天”。与子午圈相垂直的地平经圈称为卯酉圈，它与地平圈相交于东点和西点。

通常取北点作为主点。沿地平圈顺时针方向量到过天球上一点的地平经圈与地平圈的交点，这一弧长为地平坐标系的经向坐标，称为方位角或地平经度，从 0° ~ 360°；从地平圈沿过该点的地平经圈量度至该点的大圆弧长为纬向坐标，称为高度或地平纬度，从 0° ~ ±90°，向天顶为正，向天底为负；高度的余角，即从天顶量度至该点的大圆弧长称为天顶距。

一方面，由于周日视运动，天体对于同一地点的地平坐标不断变化；另一方面，对于不同的观测者，由于铅垂线的方向不同，有不同的地平坐标系，在同一瞬间同一天体的地平坐标也就不同。因此，记录天体位置的各种星表不能采用地平坐标系。

2. 赤道坐标系

过天球中心与地球赤道面平行的平面称为天球赤道面，它与天球相交而成的大圆称为天赤道（图 3.3）。天赤道的几何极称为（南北）天极。经过天极的任何大圆称为赤经圈或时圈；与天赤道平行的小圆称为赤纬圈。从天赤道起沿某一赤经圈量度至天体的大圆弧长为天体的纬向坐标，称为赤纬（β）。从 0°～±90° 计量，赤道以北为正，以南为负。赤纬的补角称为极距，从北天极起，从 0°～180° 计量。

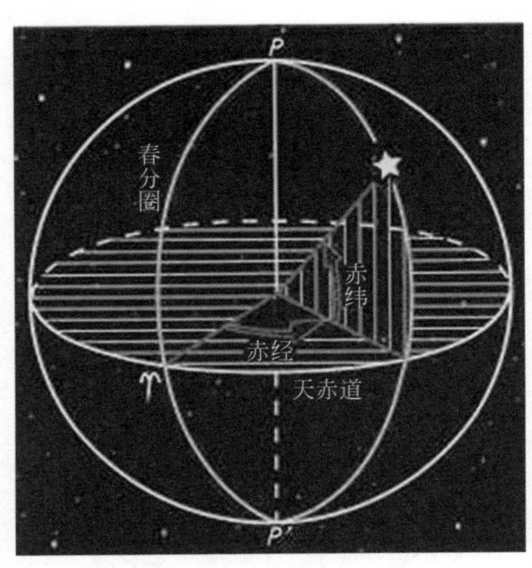

图 3.3 赤道坐标系

赤道坐标系（也称时角坐标系），主点取为春分点，图中 γ 点为春分点。从春分点起沿天赤道逆时针方向量到天球上一点的赤经圈与天赤道交点的弧长为经向坐标，称为赤经（α）。赤经从 0°～360° 或从 0～24 小时计量。天体的赤经和赤纬，不因周日视运动或不同的观测地点而改变，所以各种星表通常列出它们。

3. 黄道坐标系

地球公转的平均轨道面称为黄道面，它与天球相交而成的大圆称为黄道（太阳视运动轨道）。黄道面是黄道坐标系的基本平面。黄道（图 3.4）的几何极称为（南北）黄极。经过黄极的任何大圆称为黄经圈；与黄道平行的小圆称为黄纬圈。春分点取为黄道坐标系的主点。从春分点起沿黄道逆时针方向量到天球上一点的黄经圈与黄道交点的弧长为经向坐标，称为黄经。黄经从 0°～360° 计量。从黄道起沿过该点的黄经圈量度至该点的大圆弧长为纬向坐标，称为黄纬。黄纬从 0°～±90° 计量，黄道以北为正、以南为负。天体的黄道坐标不因周日视运动或不同观测地点而改变。黄道坐标常用于研究太阳系内各种天体的运动。

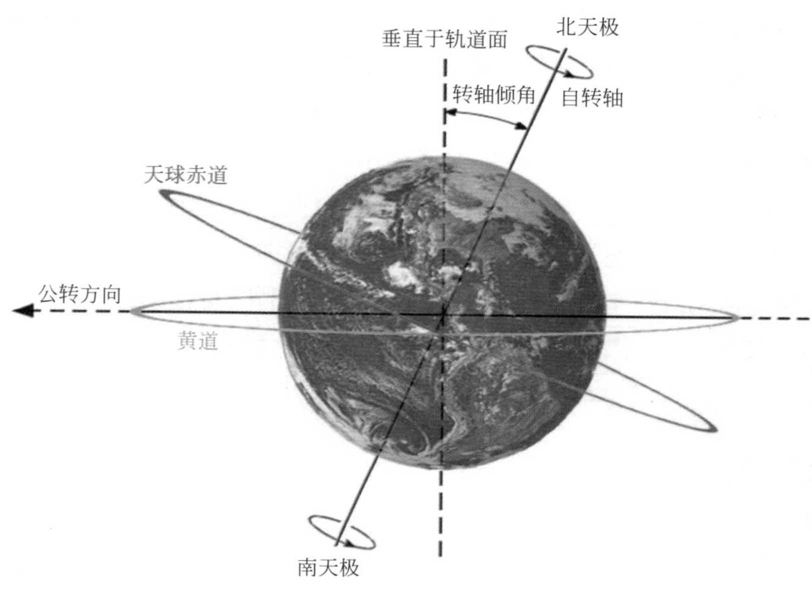

图 3.4　黄道、赤道，地球自转、公转以及相关的点和面

3.2　时间　授时系统

最早的时间标准是以太阳的东升西落确定的。公元前 2 世纪，地平日晷一天差 15 分钟；1000 多年前希腊和我国的水钟，可精确到每天误差 10 分钟；到了 17 世纪，单摆用于机械钟，计时精度提高近 100 倍；石英晶体振荡器（原子钟）出现，300 年只差 1 秒。

3.2.1　地方时　世界时

平常，我们在钟表上所看到的“几点几分”，习惯上就称为“时间”，但严格说来应当称其为“时刻”。某一地区具体时刻的规定，与该地区的地理坐标有一定的关系。例如，世界各地的人都习惯于把太阳处于正南方（即太阳上中天）的时刻定为中午 12 点，背对太阳的另一地点（在地球的另一侧），其时刻是午夜 12 点。如果整个世界统一使用一个时刻，则只能满足在同一条经线上人们的生活习惯。所以，整个世界的时刻不可能完全统一。这种在地球上某个特定地点，根据太阳的具体位置所确定的时刻，称为“地方时”。

1879 年，加拿大的伏列明提出“区时”的概念，统一世界计量时刻为“区时系统”。区时系统规定，地球上每 15° 经度范围作为一个时区（即太阳 1 小时内走过的经度）。整个地球被划分为 24 个时区。时区的“起始经线”规定为 0°（本初子午线），延续是东西经 15°、东西经 30°，直到 180° 经线，在各自时区的中央经线东西两侧各 7.5° 范围内的所有地点，一律使用该中央经线的地方时刻作为标准时刻。“区时系统”在很大程度上解决了各地时刻的混乱现象，使得世界上只有 24 种不同时刻存在（图 3.5），而且由于相邻时区间的时差恰好为 1 小时，这样各不同时区间的时刻换算变得极为简单。因此，世界各地一直在沿用这种区时系统。

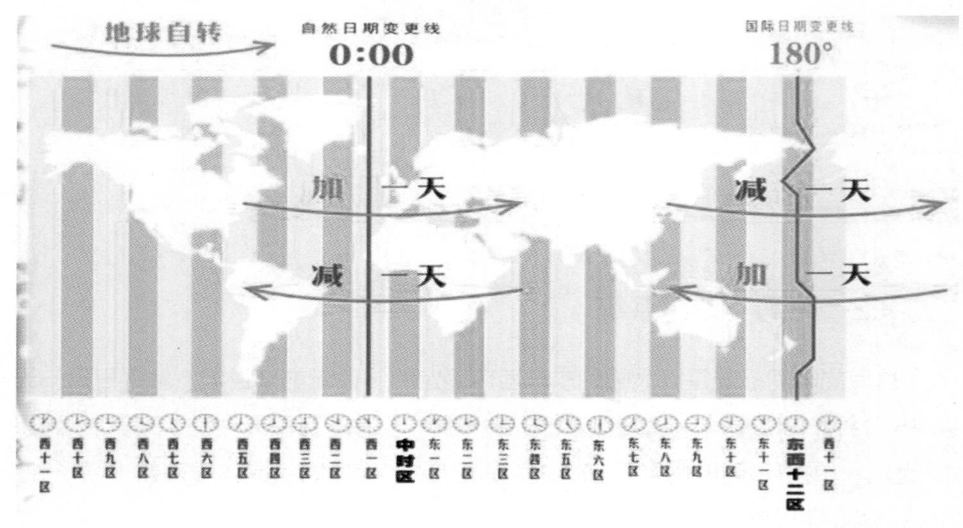

图 3.5　区时系统

区时系统还需要一条“国际日期变更线”。当你由西向东跨越它时，就减去一天；反之，由东向西跨越，就加上一天。

3.2.2　国际原子时　协调世界时　授时系统

国际原子时是一种以原子谐振周期为标准，并对它进行连续计数的时标。时标的始点定在 1958 年 1 月 1 日的 0 时 0 分 0 秒。有分布于世界各国的数百台铯原子钟支撑着国际原子时系统。

世界时和国际原子时都是独立的时标，它们各有自己的使用范围，也有各自

的优缺点。为了协调各种需要，产生了“协调世界时”的时标。它是世界时与国际原子时协调的产物，协调世界时通过闰秒的办法（跳秒）使它的时刻接近世界时。自 1972 年 1 月 1 日起在全世界实施。进入 21 世纪以来，全世界已经实施了 7 次跳秒，均是正跳秒。

授（守）时系统（图 3.6）是确定和发播精确时刻的工作系统。每当整点钟时，电视画面上就会出现数字时间的显示。电视台的正确时间是哪里来的呢？它是由天文台精密的钟控制的。

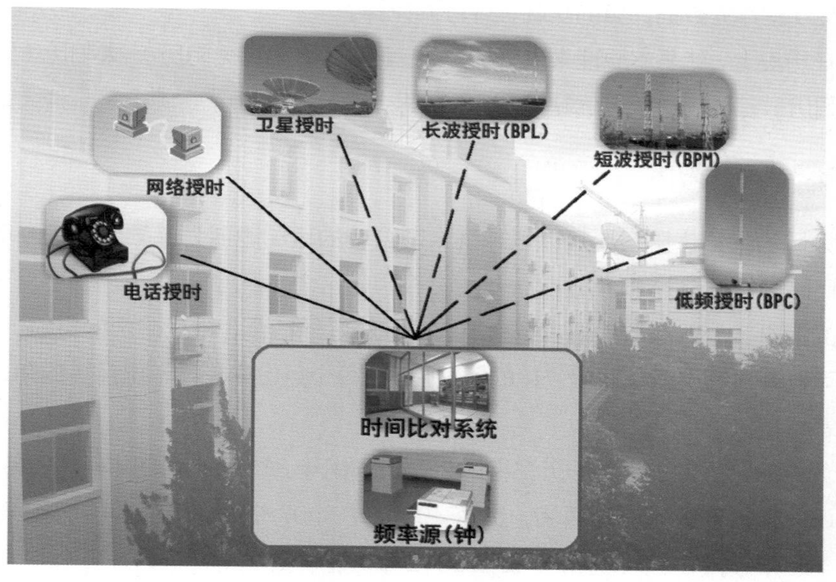

图 3.6　授时系统（背景图是我国的授时中心陕西天文台）

3.3　历法

年、月、日是历法的三大要素。历法中的年、月、日，在理论上应当近似等于天然的时间单位——回归年、朔望月、真太阳日，称为历年、历月、历日。为什么只能是“近似等于”呢？

原因很简单，朔望月和回归年都不是日的整倍数，一个回归年也不是朔望月的整倍数。但如果把完整的一日分属在相连的两个月或相连的两年里，我们又会觉得别扭，所以历法中的一年、一个月都必须包含整数的“日”。

理想的历法，应该使用方便，容易记忆，历年的平均长度等于回归年，历月的平均长度等于朔望月。实际上这些要求是根本无法同时满足的，在一定的时间内，平均历年或平均历月都不可能与回归年或朔望月完全相等，总要有些零数。因此，我们要编制历法。

具体的历法，首先要规定起始点，即开始计算的年代，这叫“纪元”；以及规定一年的开端，这叫“岁首”。此外，还要规定每年所含的日数，如何划分月份，每月有多少天等。因为日、月、年之间并没有最大的公约数，所以需要长期连续的天文观测作为数据计算的基础，并协调计算。

在历史上，就基本原理来讲，历法有三种，即太阴历（阴历）、太阳历（阳历）和阴阳历。三种历法都有优缺点，目前世界上通行的“公历”实际上是一种太阳历。

3.3.1 太阳历 太阴历

太阳历又称为阳历，是以地球绕太阳公转的运动周期为基础而制定的历法。太阳历的历年近似等于回归年，一年 12 个月，这个“月”，实际上与朔望月无关。阳历的月份、日期都与太阳在黄道上的位置较好地符合，根据阳历的日期，在一年中可以明显看出四季寒暖变化的情况；但在每个月份中，看不出月亮的朔、望、两弦等月相。

如今的公历就是一种阳历，平年 365 天，闰年 366 天，每四年一闰，每满百年少闰一次，到第 400 年再闰，即每 400 年中有 97 个闰年。公历的历年平均长度与回归年只有 26 秒之差，要累积 3300 年才差一日。

太阴历又叫阴历，是以月亮的圆缺变化为基础而制定的历法。太阴历的典型代表是伊斯兰教的阴历，它的每一个历月都近似等于朔望月，每个月的任何日期都含有月相意义。历年为 12 个月，平年 354 天，闰年 355 天，每 30 年中有 11 年是闰年，另 19 年是平年。它能精确地反映月相的变化，但无法根据月份和日期判断季节，因为它的历年与回归年实际没有关系。

从世界范围看，最早人们都是采用阴历的，这是因为朔望月的周期比回归年的周期易于确定。后来，人们知道了回归年，出于农业生产的需要，多改用阳历或阴阳历。现在，只有伊斯兰国家在宗教事务上还使用纯阴历。

3.3.2　我国的阴阳历

阴阳历是兼顾月亮绕地球的运动周期和地球绕太阳的运动周期而制定的历法。它历月的平均长度接近朔望月，历年的平均长度接近回归年，是一种“阴月阳年”式的历法。既能使每个年份基本符合季节变化，又使每一月份的日期与月相对应。缺点是历年长度相差过大，制历复杂，不利于记忆。我国的农历就是一种典型的阴阳历。农历的历月长度以朔望月为准，大月 30 天，小月 29 天，大月和小月相互弥补，使历月的平均长度接近朔望月。

农历的历年长度是以回归年为准的，但一个回归年比 12 个朔望月的日数多，而比 13 个朔望月的日数少。古代天文学家在编制农历时，为使一个月中任何一天都含有月相的意义，即初一是无月的夜晚，十五左右都是圆月，就以朔望月为主，同时兼顾季节时令，采用十九年七闰的方法：在农历十九年中，有 12 个平年，每一平年 12 个月；有 7 个闰年，每一闰年 13 个月。

为什么采取“十九年七闰”的方法呢？一个朔望月平均是 29.5306 日，一个回归年有 12.368 个朔望月，0.368 小数部分的渐进分数是 1/2、1/3、3/8、4/11、7/19、46/125，即每两年加一个闰月，或每三年加一个闰月，或每八年加三个闰月。这样，十九年加七个闰月比较合适，因为十九个回归年等于 6939.6018 日，而十九个农历年（加七个闰月后）共有 235 个朔望月，等于 6939.6910 日，这样二者就差不多了。

天文小贴士：五大行星在中国古代的名称分别是什么

在中国古代，五大行星是和太阳、月亮并列的，称为七政、七曜。“七政，日月五星也。七者，运行于天，有迟有速，犹人之有政事也。”

我国古代早在甲骨文中就有木星的记载，而在战国时期就有五星的说法，当时不叫金木水火土，分别叫作太白、岁星、辰星、荧惑、镇星。把这五颗星叫金木水火土，是把地上的五元素配上天上的五颗行星而产生的。所谓“天有五星，地有五行”。图 3.7 为五大行星对应的五行。

金星：因为很亮、呈银白色，所以古代称其为明星、大嚣、太白，是天空中除太阳和月亮外最亮的天体。《诗经·小雅·大东》中说，“东有启明，西有长庚”。是古人把金星当成了两颗星，黎明见于东方的叫启明，黄昏见于西方的叫长庚。

西汉时又把金星称为开明。

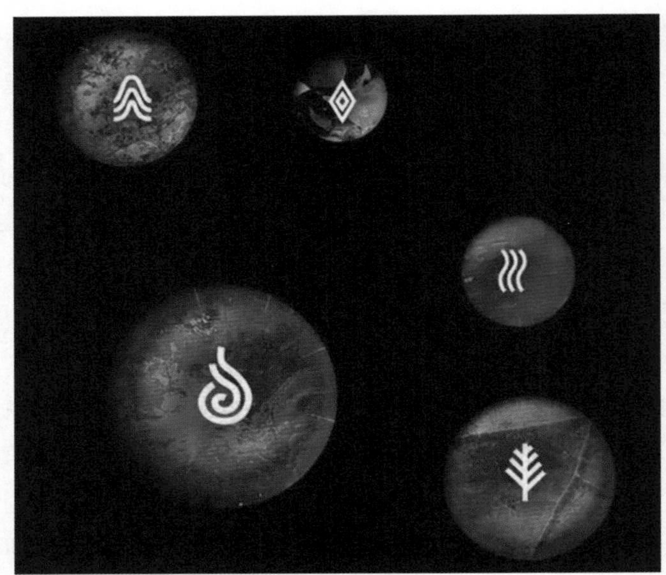

图 3.7　五大行星对应五行

木星：古名为岁星，《史记・天官书》中提到的摄提、重华、应星、纪星等，都是木星的别名。五星之中，我国的古人特别注意对木星的观测。《淮南子·天文训》中记载道："岁星之所居，五谷丰昌。其对为冲，岁乃有殃……故三岁而一饥，六岁而一衰，十二一康。"古人把木星的周期与农事联系起来，可能因为木星和太阳活动周期相近，木星十二年绕天一周，正好符合我国天干地支的十二属性，每年居十二次的一次，就是每年一个属性"次"，故名岁星。古人用岁星所在的次名作为纪年的标准。

水星：古代叫辰星，离太阳最近，看上去总是在太阳两边摆动，离开太阳最远不超过三十度。我国古代把一周天分为十二辰，每辰约三十度，故称水星为辰星。

火星：古代叫荧惑，以其红光荧荧似火而得名。火星在天上时而由西往东，时而由东往西，很迷惑人，故名荧惑。火星又名罚星、执法。《广雅・释天》中记载道："荧惑谓之罚星，或谓之执法。"

土星：古代名镇星，土星约二十八年绕天一周，每年进入二十八宿中的一宿，叫岁镇一宿，好像轮流坐镇二十八宿一样，故名镇星，也写作填星。

第 4 课　天文望远镜

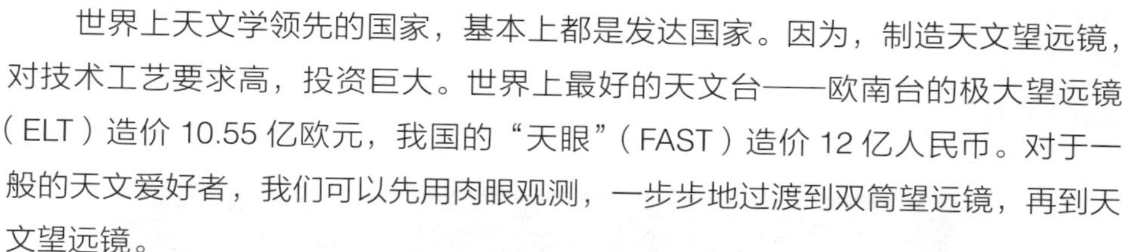

世界上天文学领先的国家，基本上都是发达国家。因为，制造天文望远镜，对技术工艺要求高，投资巨大。世界上最好的天文台——欧南台的极大望远镜（ELT）造价 10.55 亿欧元，我国的“天眼”（FAST）造价 12 亿人民币。对于一般的天文爱好者，我们可以先用肉眼观测，一步步地过渡到双筒望远镜，再到天文望远镜。

4.1　望远镜和大气窗口

大气窗口（图 4.1）就是天体辐射能穿透大气的那些波段。地球的大气层只为天文观测打开了可见光和射电窗口。

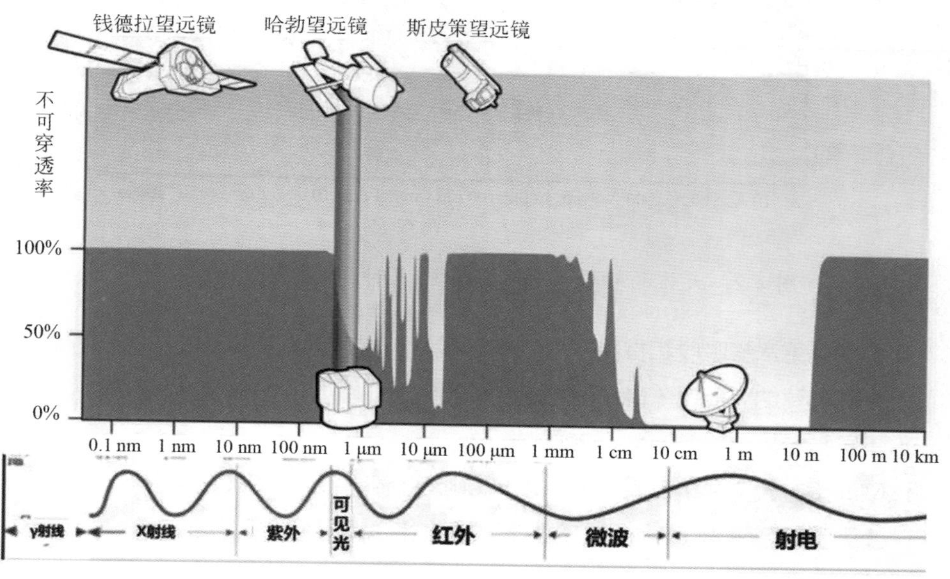

图 4.1　大气窗口

由于地球大气中的各种粒子对辐射的吸收和反射，只有某些波段范围内的天体辐射才能到达地面。就像家里的窗户，有的是透明的，有的是半透明的，根据

透光的波段不同，可用于天文观测的只有光学窗口、射电窗口和半个红外窗口。

光学窗口是在可见光范围内，波长为 390 ~ 760 纳米。波长短于 390 纳米为天体的紫外辐射，会被大气中的臭氧层吸收无法到达地面（图 4.2）。760 纳米以外的红外窗口主要是水气分子会吸收辐射。但在海拔较高、空气干燥的地方，辐射透过率可达 30%～60%。海拔 3.5 千米高度处，能观测到 70%～85%的辐射。所以，只能算是“半个窗口”。射电窗口是“透明的”，可接收天体发出的无线电辐射。

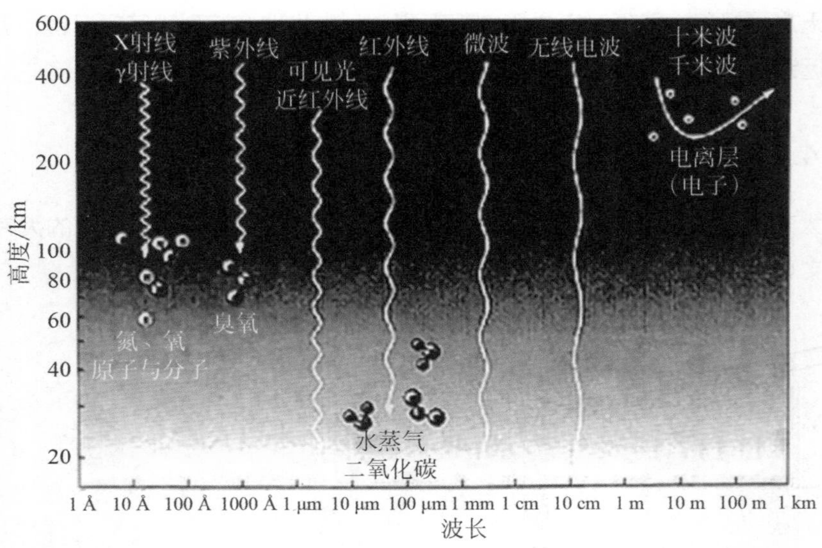

图 4.2　天体的辐射被大气层中的各种物质吸收、散射等

为了避免水气吸收和提高空气的宁静度，天文台都建在高山上，如：

夏威夷莫纳克亚山（Mauna-Kea，4200 米）；

美国基特峰（Kitt-Peak，2000 米）；

欧洲南方天文台（European Southern Observatory，3000 米）；

澳大利亚塞汀泉（Siding Spring，2500 米）；

国家（北京）天文台兴隆站（2500 米，华北第 2 高峰）；

云南天文台（昆明凤凰山，2000 米）。

天体的辐射从波长最短的 γ 射线一直延续到波长最长的无线电波，把各种波长的电磁辐射按波长排列就形成了电磁波谱。不同波长天体的辐射，会反映天体的不同侧面的特性。天文学家就是依靠接受不同波段的电磁辐射，去研究各类天体。而且，同一个天体在不同波段的表现还可能会有很大的不同，例如，黑洞在可见光看不到，但它有强烈的高能粒子辐射。所以，我们必须要借助于不同波段的观测，去认识天体的真面目。

1. 无线电波

无线电波能穿透星际尘埃和地球大气，日夜皆能进行观测，但由于所用波长较长，所以需要极大口径望远镜才能达到高清晰度。

观测仪器：射电望远镜。如 Ska 射电望远镜和天眼（图 4.3）等。

图 4.3　Ska 射电望远镜（左）和天眼（右）

2. 红外线

红外线能穿透星际尘埃，对地球大气的穿透力有限，只能在高山或大气外做观测。

观测仪器：IRAS 红外天文卫星、GTC 红外天文望远镜（图 4.4）等。

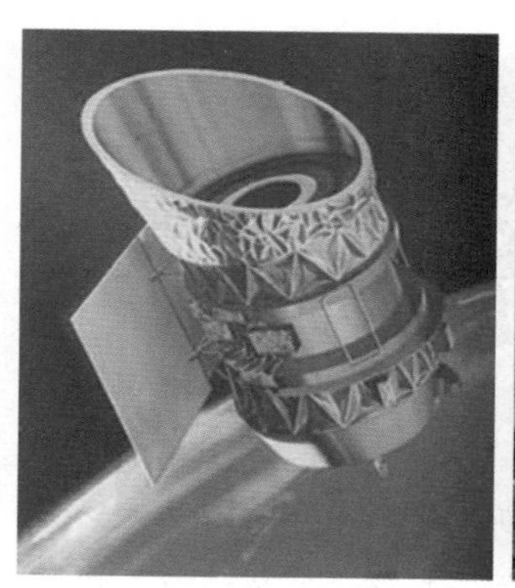

图 4.4　IRAS 红外天文卫星（左）和 GTC 红外天文望远镜（右）

3. 可见光

可见光能穿透地球大气，但需考虑大气消光与红化效应。

观测仪器：凯克望远镜 I & II、多镜面望远镜（图 4.5）等。

图 4.5　凯克望远镜 I & II（左）和多镜面望远镜（右）

4. 紫外线

紫外线无法穿透地球大气，所以需要在太空观测。

观测仪器：Astron-1、Astrosat、天文卫星、ROSAT XUV 等。

5. X 射线

X 射线无法穿透地球大气，需建太空观测站，成像需采用特殊安排的镜子。

观测仪器："钱德拉"X 射线太空望远镜（图 4.6 左）等。

6. γ 射线

γ 射线无法穿透地球大气，需建太空观测站。很难成像。

观测仪器：费米伽马射线太空望远镜（图 4.6 右）等。

图 4.6　"钱德拉"X 射线太空望远镜（左）和费米伽马射线太空望远镜（右）

4.2　天文望远镜的性能指标

天文望远镜的性能指标主要体现在两个方面：一个是孔径，另一个是分辨能力。望远镜孔径越大进光量就越大，获得天体的信息也就越多；分辨能力越强，望远镜观测天体细节的能力就越强。例如对于双星的观测，望远镜分辨能力强，就能看到两颗星，望远镜分辨能力弱，就只能看到一颗星。

1. 放大倍率

望远镜的放大倍率是用下面的公式计算出来的：

放大倍率 = 望远镜焦距 ÷ 目镜焦距

例：1000 毫米焦距的望远镜及 20 毫米的目镜，放大倍率 =1000 ÷ 20=50 倍。

虽然理论上望远镜的放大倍率是可以随意改变的（只要换上不同的目镜），但在实际观测时是有极限的。每一架望远镜都有它的可用最高倍率，超越这个倍率所得来的部分只会影响观测效果。

可用最高倍率除决定于望远镜的口径外，还与观测时的大气视像度及被观测物体的特性有关。望远镜的品质也对倍率有很大的影响。

2. 分辨力　视野

（1）**分辨力**（又称为解像力）。分辨力是指望远镜能够分辨两个接近星点的能力（图 4.7），基本上和口径有关。

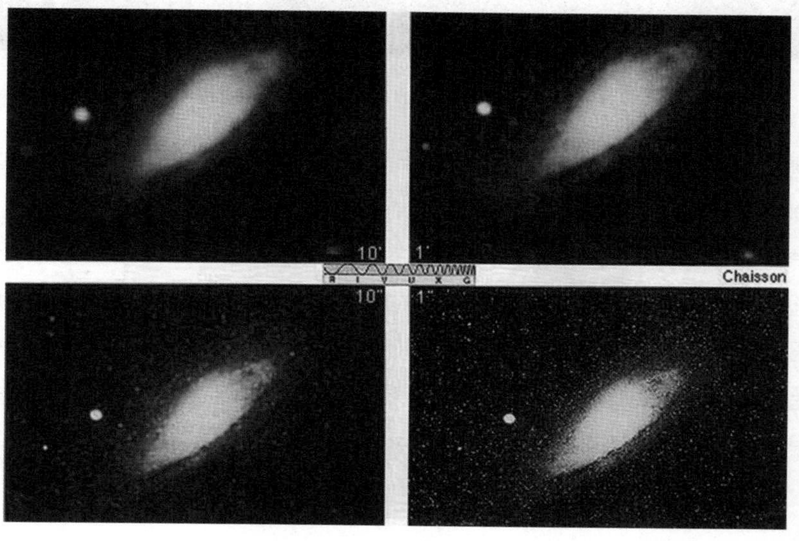

图 4.7　分辨力分别为 10'、1' 和 10"、1" 能力下的仙女座大星云

两个星点的分隔小于分辨力时，望远镜便不能将两颗星分辨为两个星点。人眼的分辨力约为 1'。望远镜的分辨力可用以下的公式求得：

分辨力 = 120" ÷ 望远镜口径（毫米）

例：60 毫米口径望远镜，分辨力 =120" ÷ 60 毫米 =2"（即可分辨 2" 角距的双星）。

（2）**视野。**目镜内可见的视野范围称为目视界，单位以角度表示。若目镜的目视界和望远镜的倍率为已知数（倍率越高实视界会变得越狭小），实视界 = 目镜目视界 ÷ 倍率。

3. 聚光能力　极限星等

聚光能力与望远镜物镜的面积 A 成正比，而 $A=\pi D^2/4$，也就是望远镜的口径 D 越大，望远镜的聚光能力越强（图 4.8）。

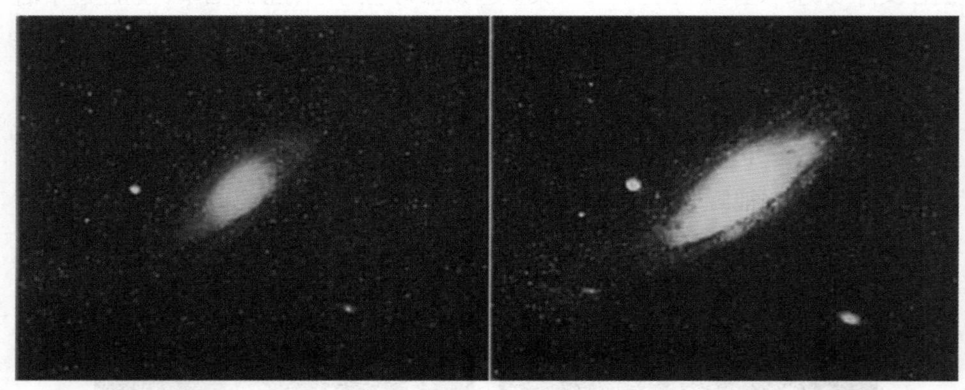

图 4.8　口径为 10 厘米（左）和 20 厘米（右）拍摄的仙女座大星云

例：人眼瞳孔的直径约为 0.8 厘米，一台 24 厘米口径的望远镜为人眼聚光能力的 900 倍。

透过望远镜可以看到人眼不能看见的暗弱天体。这是因为望远镜的聚光力较人眼强，能够看到较暗的星，但这是有限度的。极限星等是指该台望远镜所能见到的最暗的星的星等。人眼所见的星最暗为 6 等，而 50 毫米口径的望远镜能见的最暗星为 10.3 等。当然口径越大所能见的极限星等越暗。表 4.1 为望远镜口径和极限星等及分辨力的数据。

表 4.1 望远镜口径和极限星等及分辨力的数据

望远镜口径 / 毫米	极限星等	分辨力 / 角秒
50	10.3	2.28
100	11.8	1.14
150	12.7	0.76
200	13.3	0.57
250	13.8	0.46
300	14.2	0.38
500	15.3	0.23

4.3 天文望远镜分类

最早的望远镜就是人眼，通过连接天地基本圈的管子来观测定位。伽利略、牛顿发明的望远镜加装了有聚光放大能力的玻璃透镜；央斯基发明了用于无线电观测的射电天文望远镜；空间望远镜让我们摆脱了地球大气层对天文观测的干扰。

4.3.1 光学天文望远镜

望远镜通常是由一个长焦距物镜（主镜）将天体的影像聚焦，再在焦点附近用一个（短焦距）目镜把这个影像放大。一般来说，望远镜可分为折射望远镜、反射望远镜及折反射望远镜三大类。

1. 折射望远镜（refractor）

折射望远镜是用透镜作为物镜将光线汇聚的系统。伽利略制造的世界上第一架天文望远镜就是折射望远镜，它采用一块凸透镜作为物镜。但是，由于玻璃对不同颜色光线的折射率不同（导致焦距不同），会产生严重的色差，单块透镜成像还会产生较严重的像差，所以，一般折射望远镜（图 4.9）的物镜，是由两块不同折光率的玻璃镜片组成，以减少色差。

色像差（chromatic aberration）为折射式望远镜最难以克服的问题。此外，磨制大口径且高精度的镜片很难，且造价昂贵；镜片沉重，易变形，也都是其致命的缺点。Yerkes 天文台（美国芝加哥大学）的 40 英寸（102 厘米）折射望远镜为此类中最大者。

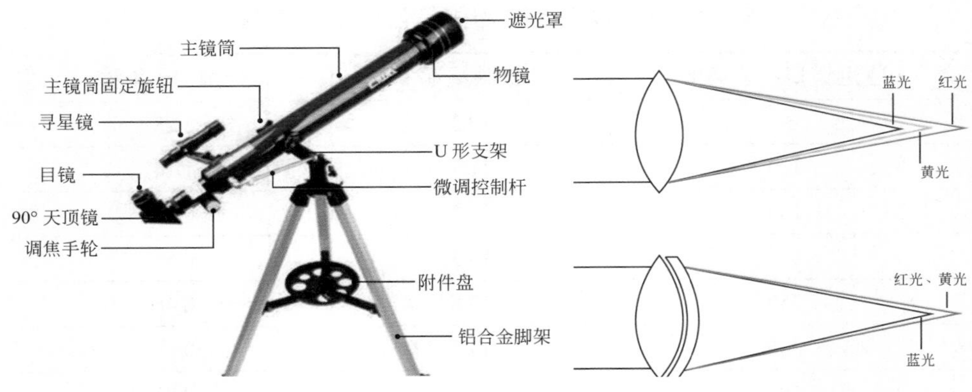

图 4.9　一般天文爱好者使用的折射望远镜，右图表示色像差

由于折射望远镜筒可以密封，所以维修保养方面较为方便，更适宜于搬往野外使用，同时亦不受镜筒内气流的影响。

2. 反射望远镜（reflector）

反射望远镜是利用一块镀了金属（通常是铝）的凹面玻璃聚焦，由于焦点在镜前，所以必须在物镜焦点之前用另一块镜将影像反射出镜筒外，再用目镜放大。反射望远镜的主要类型（图 4.10）有主镜式、牛顿式、卡塞革林式、库得式、史密特式、史密特 - 卡塞革林式等。

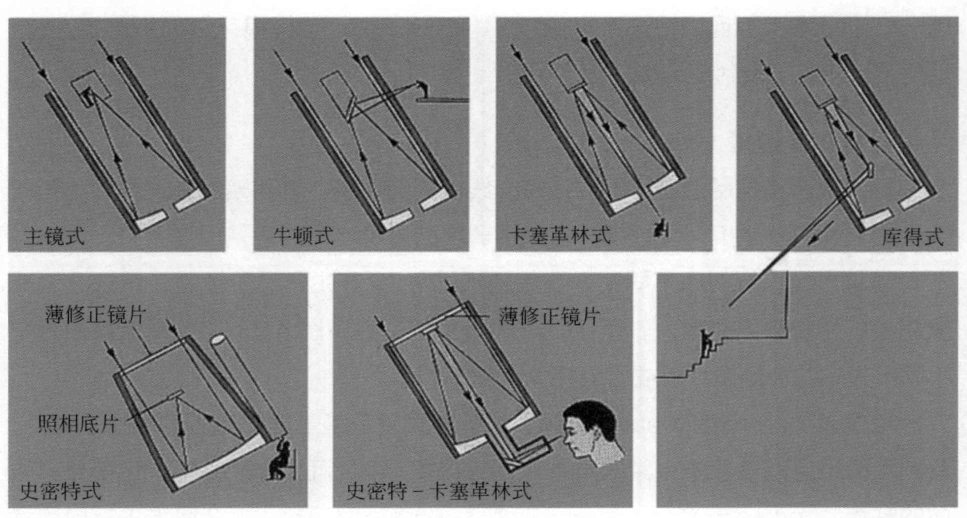

图 4.10　反射望远镜的主要类型

3. 折反射望远镜（catadioptric telescope）

折反射望远镜的物镜既包含透镜又包含反射镜，天体的光线要同时受到折射和反射。它的特点是便于校正像差。折反射望远镜以球面镜为基础，加入适当的折射透镜（也称“改正镜”），用以校正球差，获得良好的成像质量。折反射望远镜视场大、光力强、能消除几种主要像差，适合于观测有视面天体（彗星、星系、弥散星云等），并可进行巡天观测。

一般天文爱好者用的是施密特 – 卡塞格林式折反射望远镜，利用一块凸镜作为副镜，在主镜焦点前将光线聚集，使其穿过主镜一个圆孔而聚焦在主镜之后。因为经过一次反射，所以镜筒可以缩短。

4.3.2　射电天文望远镜

射电天文望远镜主要接收天体射电波段的辐射。射电天文望远镜的外形差别很大，有固定在地面的单一口径的球面射电天文望远镜，有能够全方位转动的类似卫星接收天线的射电望远镜，有射电望远镜阵列（图 4.11），还有金属杆制成的射电望远镜等。

图 4.11　百米孔径望远镜（左）和“平方千米阵列”望远镜（右）

经典射电望远镜的基本原理和光学反射望远镜相似，投射来的电磁波被一镜面反射后到达公共焦点。用旋转抛物面做镜面聚焦，因此，射电望远镜天线大多是抛物面。从天体投射来并汇集到望远镜焦点的射电波，必须达到一定的强度，才能为接收机所检测。然后用电缆将其传送至控制室，再进一步放大、检波，最

后以适于研究的方式进行记录、处理和显示。

表征射电望远镜性能的基本指标是空间分辨率和灵敏度，前者反映区分天球上两个彼此靠近的射电源的能力，后者反映探测微弱射电源的能力。

世界上最大的可跟踪型经典式射电望远镜的抛物面天线直径达 100 米，安装在德国普朗克射电天文研究所；世界上最大的非连续孔径射电望远镜是甚大天线阵，安装在美国国立射电天文台。我国的“天眼”是目前世界上最大口径的固定式射电望远镜。

4.3.3　空间天文望远镜

通过地面望远镜观测太空总会受到大气层的影响，因而在太空设立望远镜意味着把人类的眼睛放到了太空，可以不受大气层的干扰而得到更精确的天体信息。

1990 年美国的哈勃望远镜(HST)进入太空，拍摄到了遥远星系的“引力透镜”和新恒星诞生的“摇篮”等。对于天文爱好者来说，它拍摄的精美照片，更是天赐的礼物。

就天体的太空观测而言，第一个上天的望远镜应该是红外线天文卫星 IRAS，于 1983 年 1 月 25 日发射升空，任务执行了 10 个月之久。除去天文学家，很少有人知道它。

哈勃望远镜上面的广角行星相机拍摄到的恒星照片，其清晰度是地面天文望远镜的 10 倍以上，其观测能力等于从华盛顿看到 1.6 万千米外悉尼的一只萤火虫。

2022 年的 10 月 25 日，哈勃的继任者“韦伯”太空望远镜上天。目前和曾经遨游于太空的主要空间望远镜如下。

（1）**空间红外望远镜**，2001 年发射升空，主镜口径 84 厘米。为避开地球的红外辐射干扰，它在深空轨道运行。

（2）**空间干涉望远镜，**2005 年 3 月被送入预定轨道。它实际上由 7 架 30 厘米口径的镜面组成，相当于 9 米的望远镜阵。

（3）**康普顿伽马射线太空望远镜，**重 15.4 吨、长 9.45 米，造价 6.7 亿美元，1991 年升空，2000 年在人工控制下坠入太平洋。

（4）**斯皮策太空望远镜**，2003 年 8 月 25 日发射升空，取代了原来的 IRAS 望远镜。望远镜在太空的位置刻意安排在地球绕太阳的公转轨道上，在地球后面远远地跟随地球移动。

（5）**钱德拉 X 射线太空望远镜**，1999 年升空。其主要用于搜寻宇宙中的黑洞和暗物质，从而更深入地了解宇宙的起源和演化过程。

（6）**费米太空望远镜**，2008 年 6 月发射升空。其通过高能伽马射线观察宇宙，是 NASA 为纪念高能物理学的先驱者恩里科·费米而命名。

（7）**"开普勒"太空望远镜**，是世界首个用于探测太阳系外类地行星的飞行器，2009 年升空。在为期 3 年半的任务期内，"开普勒"太空望远镜探寻到了超过 130 个类太阳系天体系统。

（8）**宇宙背景探测器**（COBE），1989 年由美国发射。1990 年，其发送回来的第一批探测资料表明，微波背景辐射与温度 2.730 K 的黑体辐射曲线的吻合程度达到 99.75%，为大爆炸宇宙做了最好的验证。

（9）**赫歇尔空间望远镜**，2009 年 5 月 14 日发射升空，与普朗克空间望远镜协同工作。

天文小贴士：空间站如何保持清洁

宇航员在进入国际空间站时，携带了大量来自地球的细菌，他们将如何阻止这些微生物造成灾难?

1998 年，俄罗斯的和平号空间站（Mir）已经运行 12 年，开始出现老化的迹象，停电频繁、电脑故障、气候控制系统泄漏等问题频出，宇航员们认为可能与生活空间的微生物有关。

他们打开一个检查面板，发现了几个浑浊的水滴——每个都有足球那么大。后来的分析显示，水滴中充满了细菌、真菌和螨虫。更让人担心的是，有些微生物大量繁殖，已经开始侵蚀空间站窗户周围的橡胶密封件；还有的微生物会分泌酸性物质，正慢慢地腐蚀电缆。

从地球向和平号空间站发射的每一个太空舱模块都是近乎"无瑕"的，但是，宇航员进驻空间站实验室会将众多微生物带到轨道上。

我们与微生物共享身体，它们也伴随我们一生。我们身体里一半以上的细胞都不是人类细胞，而是由各种微小生物组成，从肠道里的细菌，到啃噬我们死皮的螨虫。大多数微生物不仅无害，而且是保障健康所必不可少的，使我们能够消化食物并抵御疾病。无论去到哪里，我们都会带着微生物群。到了太空中，它们也会像人类一样，不断学习并适应太空生活。

奥地利微生物学家克里斯汀领导了欧洲空间局（ESA）的一项研究，利用宇航员在空间站上采集的样品，对国际空间站（ISS）的微生物群落进行分析。“太空是一个非常紧张的环境，不仅仅对人类而言是如此。”她说，“太空飞行会给宇航员带来压力，而我们想知道这些微生物是否也会受到压力，并做出不好的反应。”

科学家发现，国际空间站已经稳定地培养了大约 55 种类型的微生物。尽管没有重力，但这些细菌、真菌、霉菌、原生动物和病毒都已经很好地适应了太空环境。

“它们并没有表现出对抗生素更强的抵抗力，也没有其他对人类有潜在危害的特征。”克里斯汀说，“但我们确实发现它们适应了所有的金属表面。”

这些能够吞噬金属的微生物被称为“嗜技术微生物”。与和平号空间站上的微生物一样，它们可能会对国际空间站的各个系统构成长期风险。“从长远来看，这可能会给空间站的合理和安全管理带来困难。”宇航员需要帮助控制国际空间站的微生物种群。每一周，宇航员都要用抗菌湿巾擦拭物体表面，并使用真空吸尘器吸走所有散落的碎片。这是最重要的日常“家务”，可以保持厨房区域清洁，并防止沾了汗液的运动装备和实验设备发霉。

像“好奇号”（图 4.12）这样的火星漫游车是在洁净的房间里组装的，这样它们就不会将地球微生物带到火星表面。

图 4.12　人类派到火星的使者“好奇号”

和平号的经验教训已应用于国际空间站的设计和运作，包括让环境更干燥（生命喜欢水），空气更加流通，并且通过持续的微风将灰尘吹向过滤系统。

“在家里和在国际空间站的主要区别是，这里的灰尘不会沉积，而是会积聚

在通风口。”研究人员说，“而且，其他任何物体，例如铅笔或眼镜等，也会被吹向空气过滤器。”事实上，任何没有固着在墙上的东西都有移动的趋势。

国际空间站的经验表明，人类可以与自身的微生物群共存，几乎没有不良影响。科学家们现在担心的是，当我们离开相对安全的近地轨道，前往月球和火星时又会发生什么。

“目前空间站位于范艾伦辐射带（图 4.13）内，因此辐射暴露较少。”科学家说，“当我们穿过范艾伦辐射带时，辐射暴露的程度就会更强，微生物（通过基因突变）的进化可能就会更快。”范艾伦辐射带地磁场捕获太阳风等高能粒子，是保护地球不受侵害的地带，处于地球高层大气的上部和地球磁场的下部。

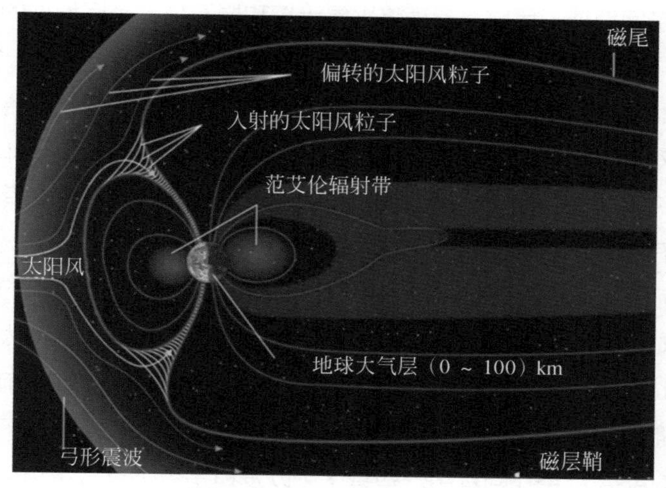

图 4.13　范艾伦辐射带

NASA 目前正在开发下一个空间站，作为前往火星等目的地的中转站。这是一个月球轨道实验室，称为“门户”（gateway）。宇航员将在那里生活几个星期，之后可能会将其空置几个月。

“我们必须确保宇航员在离开和返回时，不会留下有利于微生物生长的环境。”研究人员表示，“因为后果可能会很严重。”

科学家还在努力研究人类首次踏上火星表面时会发生什么，毕竟目前送到这颗红色星球上的一切都非常洁净，而人类则携带着微生物群。踏上火星的目标之一就是寻找过去或现在火星生命的迹象。因此，避免它受到地球上任何生命的污染是至关重要的。

对火星探测而言，人类本身就成了一大难题。要清除宇航员体内所有的微生物痕迹是不可能的，甚至可能是致命的。那么，我们应该如何阻止自己污染原始的火星环境，或者将火星微生物误认为是我们从地球带来的呢？

“没错，我们的身体上有很多微生物，但我们不会光着身子在火星上跑来跑去。”研究人员说，“宇航员将穿着宇航服以维持生命，并将任何污染都留在宇航服内。”

目前的挑战是如何防止宇航服外的人类微生物污染火星环境。来自世界主要太空机构的人员组成了一个工作组，将发布关于保护火星免受人类探索影响的建议，而微生物污染正是他们希望解决的问题。当然，更紧迫的问题是如何将火星上的微生物带回地球。目前，一项将火星土壤和岩石样品带回地球的任务正在进行中，这些样品中可能含有生命。

在许多科幻小说和科幻电影中，来自太空的细菌或病毒往往会给世界带来毁灭性后果。对科学家来说，将太空微生物带回地球确实存在着不可知的风险。尽管最新的研究表明，国际空间站上没有任何危险的生物，但了解空间站上微生物群的进化将有助于确保第一批从火星返回的宇航员的安全。

“当宇航员从火星回来时，如果我们在他们的微生物群中有新的发现，那我们就可以评估这是由潜在的火星生物引起的，还是我们之前在人类太空飞行中见过的。”与此同时，微生物学家还期待着在月球上有所发现。50 年前，执行阿波罗任务的宇航员在月球上留下了大约 96 袋人类排泄物。当人类在下一个十年重返月球时，NASA 希望找回其中一些袋子，以发现是否仍有微生物存活。如果答案是肯定的，这将标志着我们在了解人类微生物群系方面又迈出了一小步。

第5课　地球和月球

月球现在是地球的卫星，在地球形成的早期，同样作为“星子”的原月球撞击了地球，把地球撞裂开了，原月球一部分跑进了地球的核心，另一部分重新组合成了新的月球并成了地球的卫星。地月系的形成保证了地球大气、海洋的形成和最终生命的产生。

5.1　地球和月球概况

地球是我们脚下那坚实的大地；地球是海平线上弯弯的一鸿；地球是太空中蓝色的行星；地球和月亮组成了一个家庭（图 5.1）。我们需要了解地球的大小、结构、运动；需要知道它的起源、演变、与月球之间的关系等。我们更要通过地球、月球、地月系，去了解太阳、太阳系、银河系等更遥远、更神秘的世界。

图 5.1　地球和地月系

地球是太阳系八大行星之一，按离太阳由近及远的次序为第三颗。地球有一个天然卫星——月球，二者组成一个天体系统——地月系。地球大约有 46 亿年的历史。不管是地球的整体，还是它的大气、海洋、地壳或内部，从形成以来就始终处于不断变化和运动之中。月球的诞生、演化都和地球有关，了解月球，我们从嫦娥奔月的传说开始，已经过渡到登月、建立月球空间站等最新科技进展。

5.1.1 地球面面观

平均赤道半径：R_e=6378136.49 m；平均极半径：R_p=6356755.00 m；平均半径：R=6371001.00 m。

赤道重力加速度：g=9.780327 m/s^2；

平均自转角速度：ω_e=7.292115×10^{-5} rad/s；

扁率：f=0.003352819；质量：M_E=5.9742×10^{24} kg；

太阳与地球质量比：M_S/M_E=332946.0；

太阳与地月系质量比：$M_S/M_{(M+E)}$=328900.5；

回归年长度：T=365.2422 天；表面温度：t=−30 ~ +45℃；表面大气压：p=1013.250 mbar；

地心引力常数：G_E=3.986004418×10^{14} m^3/s^2；

平均密度：ρ_e=5.515 g/m^3；离太阳平均距离：A=1.49597870×10^{11} m；逃逸速度：v=11.19 km/s。

整个地球不是一个均质体，而是具有明显的圈层结构的赤道部分略微突出的球。地球每个圈层的成分、密度、温度等各不相同。地球圈层分为地球外圈和地球内圈两大部分（图 5.2）。地球外圈包含四个圈层：大气圈、水圈、生物圈和岩石圈；地球内圈包含三个圈层：地幔圈、外核液体圈和固体内核圈。此外在地球外圈和地球内圈之间还存在一个软流圈，它是地球外圈与地球内圈之间的一个过

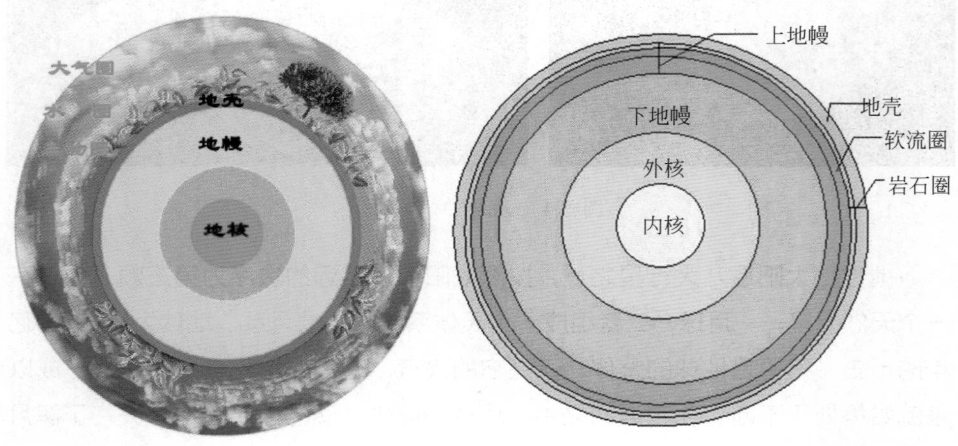

图 5.2　固体的地核被液体包围，地球的内外圈之间有一个软流圈

渡圈层。这样，整个地球总共包括八个圈层，其中岩石圈、软流圈和地球内圈一起构成了所谓的固体地球。

图 5.2（左）中红色的是——地核，也叫内核；橘红色的就是外核，加上地幔叫地球内圈，地壳和生物、水、大气是外圈，内外圈之间就是软流圈，见图 5.2（右）。我们可以直接观测和测量地球的外圈。而地球内圈，主要用地球物理的方法，如地震学、重力学和高精度现代空间测地技术观测的反演等进行研究。地球各圈层在分布上有一个显著的特点，即固体地球内部与表面之上的高空基本上是上下平行分布的，而在地球表面附近，各圈层则是相互渗透甚至相互重叠的，其中生物圈表现最为显著，其次是水圈。

大气圈是地球外圈中最外部的气体圈层，没有确切的上界。在地下、土壤和某些岩石中也会有少量空气，它们也是大气圈的一部分。地球大气的主要成分为氮、氧、氩、二氧化碳和不到 0.04%的微量气体。气体的总质量相当于地球总质量的 0.86%。由于地心引力作用，几乎全部的气体集中在离地面 100 千米的高度范围内，其中 80%的大气又集中在地面至 12 千米高度的对流层（风、雨、雷、电在此发生）范围内。根据大气分布特征，在对流层之上还可分为平流层、中间层、热成层、散逸层等。

水圈包括海洋、江河、湖泊、沼泽、冰川和地下水等，它是一个连续但不很规则的圈层。水圈总质量约为地球总质量的 1/3600，其中海洋水质量约为陆地（包括河流、湖泊和表层岩石孔隙和土壤中）水质量的 35 倍。如果整个地球没有表面的起伏，那么全球将被深达 2600 米的水层所均匀覆盖。大气圈和水圈相结合，组成地表的流体系统。

生物圈包括植物、动物和微生物。据估计，现有生存的植物约有 45 万种，动物约有 150 万种，微生物超过 1 万亿种。在地质历史上曾生存过的生物有 5 亿～10 亿种，它们绝大部分都已经灭绝。现存的生物生活在岩石圈的上层部分、大气圈的下层部分和水圈的全部。

岩石圈主要由地球的地壳和地幔圈中上地幔的顶部组成，岩石圈厚度不均匀，平均厚度约为 100 千米。岩石圈的岩石大体可分为三类：第一类是由地下的熔融状态的岩浆到达地表后冷却形成的火成岩；第二类是由水下或陆地沉淀下来的东西形成的沉积岩；第三类是由火成岩或沉积岩经过长时间环境变化影响而形成的“变质岩”。

软流圈在距地球表面以下约 100 千米的上地幔中，有一个明显的地震波的低速层。软流圈将地球外圈与地球内圈区别开来了。

地幔圈在软流圈之下，直至地球内部约 2900 千米深度的界面处。整个地幔圈由上地幔、下地幔组成。

地幔圈之下就是所谓的外核液体圈，位于地面以下 2900 ~ 5120 千米，基本上是由黏度很小的液体构成的。

固体内核圈位于 5120 ~ 6371 千米地心处，根据对地震波速的探测与研究为固体结构。

地球各层不是均质的，地球平均密度为 5.515 g/cm^3，而岩石圈的密度仅为 2.6 ~ 3.0 g/cm^3。由此，地球内部的密度必定要大得多。地球内部的温度随深度增加而上升。据估计，在 100 千米深度处温度为 1300°C，300 千米处为 2000°C，在地幔圈与外核液态圈边界处，约为 4000°C，地心处温度为 5500 ~ 6000°C。

5.1.2　月球概况

月球是距离我们最近的天体。它与地球的平均距离约 384400 千米。月球绕地球运动的轨道是一个椭圆，其近地点平均距离为 363300 千米，远地点平均距离为 405500 千米，两者相差 42200 千米；月球比地球小，直径是 3476 千米，大约等于地球直径的 3/11；月球的表面积大约是地球表面积的 1/14，比亚洲的面积还稍小一些；月球的体积是地球的 1/49，也就是地球里面可装下 49 个月球；月球的质量是地球的 1/81；物质的平均密度为 3.34 克每立方厘米，只相当于地球密度的 3/5；月球上的引力只有地球的 1/6，就是说，6 千克的东西到月球上只有 1 千克了。

月球上几乎没有大气，因而昼夜温差很大。白天，在阳光垂直照射的地方，温度高达 127℃；夜晚温度可低到 −183℃。由于没有大气的阻隔，使得月面上日照强度比地球上约强 1/3。月球上的天空呈暗黑色，太阳光照射是笔直的，日光照到的地方很明亮，照不到的地方就很暗，因此我们看到月球的表面有明有暗（图 5.3）。由于没有空气散射光线，在月球上星星看起来也不再闪烁了。月球基本上没有水，没有地球上的风化、氧化和水的腐蚀过程，也没有声音的传播，到处是一片寂静的世界。月球本身不发光，天空永远是一片漆黑，太阳和星星可以同时出现。

图 5.3 月球上有高山和平原，两极地区有固态的水

早年的观测者凭借想象，借用地球上的名称，命名了许多洋、海、湾、湖。月海是月面上的暗淡黑斑，那是平原。月球正面的月海面积约占整个半球表面积的一半。已经命名的月海有 22 个，总面积 500 万平方千米。较大的月海有 10 个：风暴洋、雨海、云海、湿海、汽海、危海、澄海、静海、丰富海和酒海。它们都为月球内部喷发出来的熔岩所充填，某些月海盆地中的环形山也被喷发的熔岩所覆盖，形成了规模宏大的暗色熔岩平原。

月球上的陨击坑通常又称为环形山（crater），它是月面上最明显的特征，希腊文的意思是“碗”，所以又称为碗状凹坑结构。环形山的形成可能有两个原因，一是陨星撞击，二是火山活动。

陨击坑的直径大的有近百千米，小的不过 10 厘米，直径大于 1 千米的有 33000 个，最大的月球坑直径为 235 千米。

月球背向地球的一面，布满了密集的陨击坑，月海所占面积较少，月壳的厚度也比正面厚，最厚处达 150 千米，正面为 60 千米左右。月球上大型环形山多以古代和近代天文学者的名字命名，如哥白尼、开普勒、埃拉托塞尼、托勒密、第谷等。

由于月球表面之上缺乏大气圈和水圈，所以月球早期的熔岩喷发和陨星撞击形成的月球表面形态特征能够得到长期的保存。分析从月球表面取回的月岩样品得知，月球表面有一层几米至数十米厚的月球土壤。整个月球由月球岩石圈（0 ~ 1000 千米）、软流圈（1000 ~ 1600 千米）和月球核（1600 ~ 1738 千米）组成。月球的年龄至少已有 46 亿年。

5.2　地球的自转和公转

地月系是最小、最基本的天体体系。天文学中我们不能简单地认为月球作为卫星绕着地球转，应该是地球和月球一起绕着地月系的公共中心在转。所以，两者的运动要结合在一起考虑。

5.2.1　地球自转

地球存在绕自转轴自西向东地自转，平均角速度为 15 度每小时。在地球赤道上，自转的线速度是 465 米每秒。

天空中各种天体东升西落的现象都是地球自转的反映。

人们最早是利用地球自转作为计量时间的基准。1967 年国际上开始建立比地球自转更为精确和稳定的原子时。人们发现地球自转是不均匀的。地球自转速度存在长期减慢、不规则变化和周期性变化。

通过对月球、太阳和行星的观测资料和对古代月食、日食资料的分析，以及通过对古珊瑚化石的研究，可以得到地球自转的变化情况：在 6 亿多年前，地球上一年大约有 424 天，表明那时地球自转速度比现在快得多；在 4 亿年前，一年约有 400 天；2.8 亿年前为 390 天。大约每经过一百年，地球自转一周减慢近 2 毫秒，这主要是由潮汐摩擦引起的。此外，地球半径的可能变化、地球内部地核和地幔的耦合、地球表面物质分布的改变等也会引起地球自转的长期变化。

地球自转速度还存在着时快时慢的不规则变化。其中主要的有“十年”的变化和 2 ~ 7 年的“年际变化”。十年尺度变化的幅度可以达到约 ±3 毫秒，年际变化的幅度为 0.2 ~ 0.3 毫秒，另外存在几天到数月尺度的变化，这种变化的幅度约为 ±1 毫秒。

地球自转的周期性变化主要包括年周期变化，月、半月周期变化以及近周日和半周日周期的变化。周年变化，也称为季节性变化，表现为春天地球自转变慢，秋天地球自转加快。周年变化的振幅为 20 ~ 25 毫秒，主要由风的季节性变化引起。半年变化的振幅为 8 ~ 9 毫秒，主要由太阳潮汐作用引起。月周期和半月周期变化的振幅约为 ±1 毫秒，是由月亮潮汐力引起的。地球自转周日和半周日变化振幅只有约 0.1 毫秒，主要是由月亮的周日、半周日潮汐作用引起的。

5.2.2　地球公转

1543 年哥白尼在《天体运行论》中首先完整地提出了地球自转和公转的概念。地球公转的轨道是椭圆的，公转轨道半径为 149597870 千米，轨道的偏心率为 0.0167，公转的平均轨道速度为 29.79 千米每秒；公转的轨道面与地球赤道面的交角为 23°3'，称为黄赤交角（图 5.4）。地球自转产生了地球上的昼夜变化，地球公转及黄赤交角的存在造成了四季的交替。

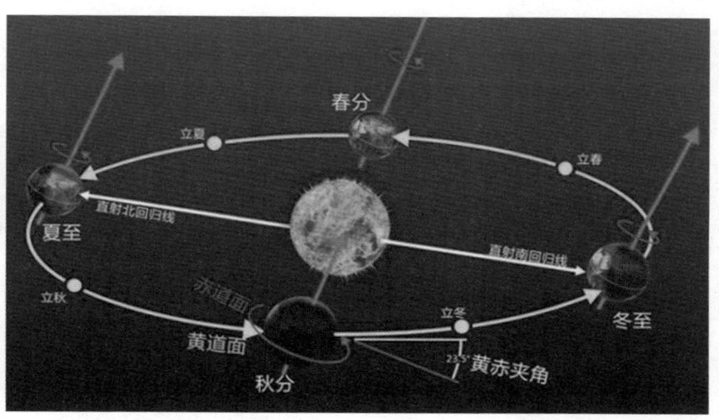

图 5.4　位于厄瓜多尔的赤道纪念碑（左）和自转公转之间的黄赤交角（右）

从地球上看，太阳沿黄道逆时针运动，黄道和赤道在天球上存在相距 180° 的两个交点，其中太阳沿黄道从天赤道以南向北通过天赤道的那一点，称为春分点，与春分点相隔 180° 的另一点，称为秋分点，太阳分别在每年的春分（3 月 21 日前后）和秋分（9 月 23 日前后）通过春分点和秋分点。

太阳通过春分点到达最北的那一点称为夏至点（白天最长），与之相差 180° 的另一点称为冬至点（夜晚最长），太阳分别于每年的 6 月 22 日前后和 12 月 22 日前后通过夏至点和冬至点。

5.3　地球和月球的关系

关于地球本身以及地（月）球的起源与演化，尤其是对地球内部的认识，还不及对宇宙天体的认识多。我们探测宇宙天体可以发射火箭、卫星、探测器，还可以进行载人飞行；但我们研究地球内部是通过遥感卫星（也只限于对地壳的了解），通过钻探，通过深源地震来了解地球内部，甚至我们会把火箭向地下发

射……但是，他们都是间接的、是一种现象的反演。所以，直至 20 世纪中叶，可以说我们对地球内部基本上是一无所知。

5.3.1 地球的起源和演化

1. 地球的起源

最早形成关于天地万物起源的学说是“创世说”。其中流传最广的要算是《圣经》中的创世说。在人类历史上，创世说曾在相当长的一段时期内占据了统治地位。

1644 年，笛卡儿提出了第一个太阳系起源的学说，他认为太阳、行星和卫星是在宇宙物质涡流式的运动中形成的大小不同的旋涡里形成的。此学说被称为“一元论”。

一个世纪之后，布封提出了第二个学说：一个巨量的物体，假定是彗星，曾与太阳碰撞，使太阳的物质分裂为碎块而飞散到太空中，形成了地球和行星。此学说被称为“二元论”。

1755 年，德国的康德提出“星云假说”。1796 年，法国的拉普拉斯也独立地提出了另一种星云假说。由于拉普拉斯和康德的学说在论点上基本一致，所以后人称两者的学说为“康德 – 拉普拉斯学说”。

最新的地球起源理论基本上是建立在星云假说基础之上的“星子理论”。原始地球是由大小 1000 千米左右的“星子”之间碰撞而形成的，这些星子来源于形成太阳系的星云盘，是太阳早期收缩演化阶段抛出的物质。在地球的形成过程中，由于物质的分化作用，不断有轻物质随氢和氦等挥发性物质分离出来，并被太阳光压和太阳抛出的物质带到太阳系的外部，因此，只有重物质凝聚起来逐渐形成了原始的地球，并演化为今天的地球。

水星、金星和火星与地球一样，有类似的形成方式，都保留了较多的重物质；而木星、土星等外行星，由于离太阳较远，保留了较多的轻物质。

2. 地球的演化

地球的基本球层结构形成之后，我们能够注意到的变化最多的就是地壳运动或者称为大陆漂移现象（图 5.5）。

地表的基本轮廓可以明显地分为两大部分，即大陆和大洋盆地。大陆是地球表面上的高地，大洋盆地是相对低洼的区域，它为海水所充填。大陆和大洋盆地

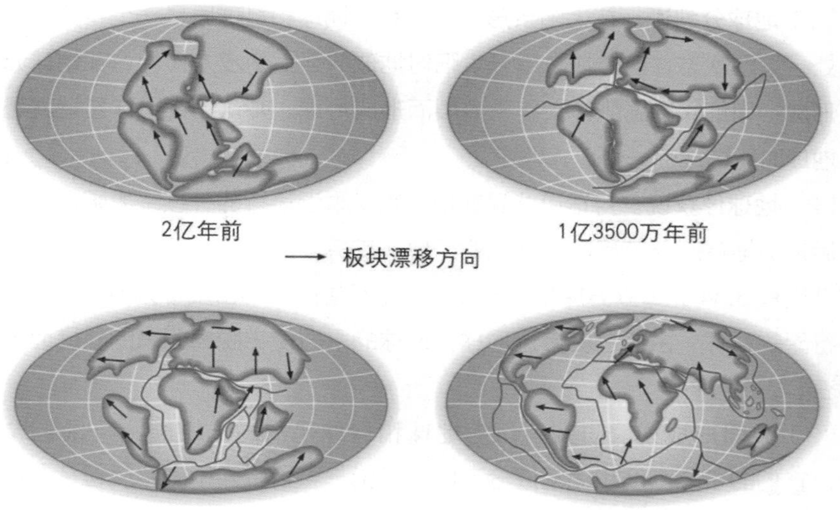

图 5.5　大陆漂移

共同构成了地球的岩石圈。坚硬的地球岩石圈板块作为一个单元在地球软流圈上运动；由于岩石圈板块的相对运动，导致了大陆漂移，并形成了今天地球上的海洋和陆地的分布。

地质和地球物理学家杜托特于 1937 年提出了地球上曾存在两个原始大陆的模式，分别被称为劳亚古陆和冈瓦纳古陆。两个原始大陆是在靠近地球两极处形成的，劳亚古陆在北，冈瓦纳古陆在南，在它们形成以后，逐渐发生破裂，并漂移到今天大陆块体的位置。

最近 2 亿年以来的大陆漂移和板块运动，已得到了确切证明和广泛的承认。板块运动很可能早在 30 亿年前就已经开始了，而且不同地质时期的板块运动速度是不同的，大陆之间曾屡次碰撞和拼合，以及反复破裂和分离。大陆岩块的多次碰撞形成了褶皱山脉，并连接在一起形成新的大陆，而由大洋底扩张形成新的大洋盆地。

5.3.2　月球是地球的女儿、姐妹还是情人

地月是一个体系，那么月球是怎样形成的呢？关于月球起源的学说，可以分为三大类：①地球分裂说（母女说）；②地球俘获说（情人说）；③共同形成说（姐妹说）。

（1）**地球分裂说。**在太阳系形成的初期，地球和月球原是一个整体，那时地球还处于熔融状态，自转快。由于太阳对地球的强大潮汐力作用，在地球赤道面附近形成一串细长的膨胀体，终于分裂而形成月球。并认为太平洋盆地就是月球脱离地球时所造成的一个巨大遗迹。

（2）**地球俘获说。**月球可能是在地球轨道附近运行的一颗绕太阳运行的小行星，后来被地球所俘获而成为地球的卫星。支持俘获说的人认为，由于月球的平均密度只有 3.34 克每立方厘米，与陨星、小行星的平均密度十分接近。因此，原是小行星的月球，由于过度接近地球，地球的引力使它脱离原来的轨道而被地球所俘获。

（3）**共同形成说。**研究者认为地球和月球是由同一块原始行星尘埃云所形成。它们的平均密度和化学成分不同，是由于原始星云中的金属粒子在形成行星之前早已凝聚。在形成地球时，一开始以铁为主要成分，并以铁作为核心。而月球则是在地球形成后，由残余在地球周围的非金属物质凝聚而成。

现代的研究表明，月球的形成更倾向于共同形成再加上俘获（碰撞）说。太阳的年龄是 50 亿年左右，在太阳诞生之后的 3 亿～ 4 亿年，地球开始形成，也就是距今 46 亿～ 47 亿年的时候。大约在 45 亿年前，一个叫作 Theia 的小天体在与地球相撞后，被一分为二，其核心的大部分密度高的物质是直达原来地球内

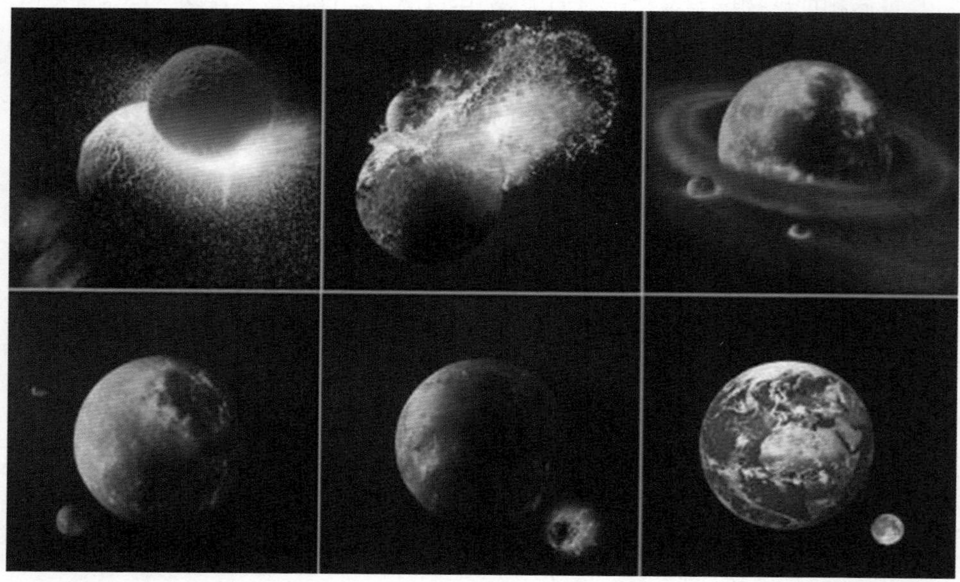

图 5.6　地核是小行星 Theia 的核心，月球是碰撞的碎片凝聚而成

核心的（图 5.6）。而由于碰撞速度极快，压力极大，产生的温度也极高，所以使得原有的地球核心变为液态围绕 Theia 星形成的新核心分布的状态。巨大的地球磁场的产生就是来源于地球内外核心的相互耦合作用。而撞碎的或者说密度小、质量轻的部分，形成了一个围绕地球转动的物质圈，最终这些物质相互吸积、碰撞组合成了现在的月球，这也就能够解释，为什么地球的平均密度（5.5 g/cm^3）要高于月球的平均密度（3.8 g/cm^3）。

天文小贴士：开普勒怎么用肉眼观察行星的运行规律

开普勒在 1609 年发表了他的前两个行星运动定律（图 5.7）。行星运动第一定律认为每个行星都在一个椭圆形的轨道上绕太阳运转，而太阳位于这个椭圆轨道的一个焦点上。行星运动第二定律认为行星运行离太阳越近则运行越快，行星与太阳之间的连线在等时间内扫过的面积相等。十年后开普勒发表了他的行星运动第三定律：行星距离太阳越远，它的运转周期越长；运转周期的平方与到太阳之间距离的立方成正比。

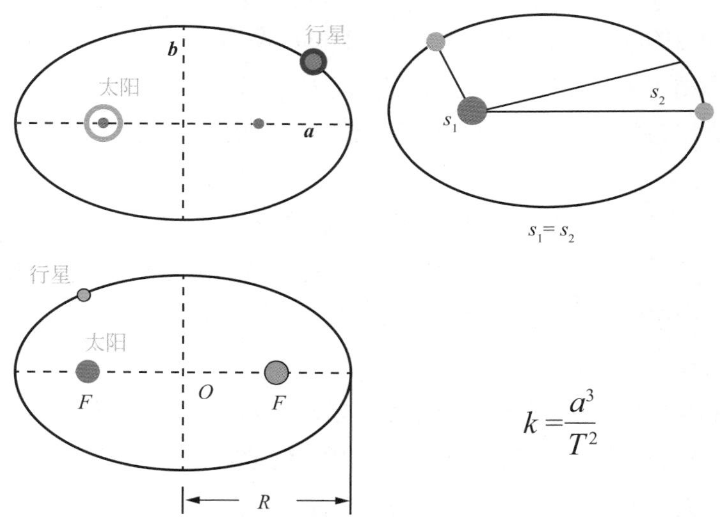

图 5.7　开普勒的行星运动定律

人类在运动的地球上纯粹用眼睛观察出了行星运动三大定律。地球在自转、公转，行星也在自转、公转，甚至太阳也在自转和公转，地球上的观察者用眼睛取得数据那是何等艰难。因为大家都在动，只要一个环节稍有误差，可能测量的

所有数据就都是错误的，例如，你如果认为地球是静止的，那么你所有的观察数据就完全没有意义。那么开普勒在如此简陋的条件下，是怎样推导出三大定律的呢?

（1）哥白尼的日心说，是开普勒工作的基础。哥白尼说，太阳东出西落，是因为地球在自转，地球还跟其他行星一样绕太阳公转，公转周期为 365 天 6 小时 9 分 40 秒，比现在的精确值约多 30 秒。开普勒相信哥白尼是对的。

（2）“巧妙”地消除地球自转的影响。由于地球自转周期的时间是一天，所以一天之后地球又转到原来的地方，如果只考虑每天同一时刻的数据，可认为地球根本就没有自转。

（3）利用地球自转。但是，如果地球没有自转，那么地球观察者每天只能朝一个方向观察，如果利用地球自转，则可以 360 度观察太空，提高观测效率。

（4）利用火星。由于火星离地球较近，公转周期差不多是地球的两倍，这就是一个理想的观察模型。每隔差不多两年，太阳、地球、火星就会连成一条直线，且地球在中间，由于地球自转，就会产生“冲日”现象，即白天看到太阳。自转 180 度后，太阳落山，火星就出现，而且整晚都出现，直到再转 180 度，太阳升起。假设这个冲日的周期为 T_1，地球绕太阳公转的周期为 T_2，即一年，那么通过数学知识就可以得出火星公转周期为 $1/(1/T_2-1/T_1)$，这样便于地球观察者以已知运行轨迹的火星为参照物来观察地球。开普勒就是利用了第谷对火星的观测数据来推算火星周期的。

（5）了解地球运行轨迹，再消除地球公转的影响。这是一个绝妙的想法，消除了自转和公转，那么可以认为地球是静止的，这样再去观察其他行星，行星的运行轨迹不就了然了吗？从数学上来说，是通过地球观察者数据和地球的运行轨迹来确定行星的运行轨迹。

（6）利用火星冲日。我们再来借助火星。第一次，火星冲日（图 5.8）记录下来，经过火星一个周期之后，火星又回到原来的地方，而地球跑到了原来位置的前面，由于太阳和火星的位置都没有动，还是一条直线，所以，现在太阳、火星、地球就构成了一个三角形。三角形中太阳和火星构成的那条边，是我们事先选定的“基线”，不动且距离不变。以地球为顶点的那个角的大小可以从地球上同时观测太阳和火星来确定；而以太阳为顶点的那个角就是地球向径同“基线”所夹的角，其大小也可以通过对恒星的观测来确定。这样知道两角一边，这个三角形

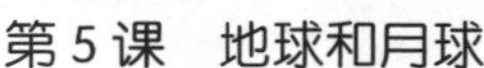

就完全确定，通过三角函数计算出地球在这个时候跟太阳的距离。继续扩展，我们可以得出任何时刻地球到太阳的距离和角度，这样地球绕太阳的运行轨迹就确定了。

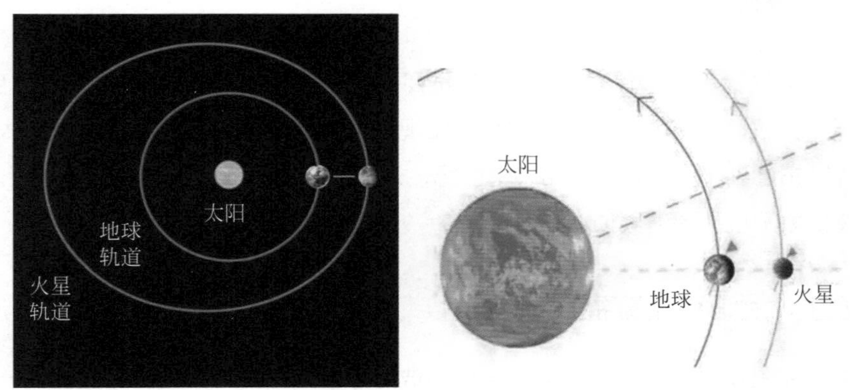

图 5.8　利用火星冲日来计算大行星的运动规律

（7）借助已知地球轨迹，获取行星运行轨迹。这个就不用说了，跟上面的方法一样，动中取静。

（8）数据分析，这需要利用几何知识。当时已经对圆和椭圆有很深的研究，所以比较容易发现，行星的运行轨迹是一个椭圆。单位时间内扫过的面积相等，比较难的是发现周期的平方与距离的立方成正比。天才开普勒凭着扎实的数学知识和敏锐的洞察力最终发现了这一规律。

第 6 课　太阳系家族

太阳系的大小一直在“变”。19 世纪哥白尼、开普勒确立的太阳系只包括五大行星，界限在土星轨道；20 世纪我们发现了天王星、海王星、冥王星，将太阳系的界限拓展到了奥尔特星云带；21 世纪，人类的探测器已经飞出了奥尔特星云，就要突破太阳粒子辐射层顶。

6.1　太阳系全家福

太阳系是由受太阳引力约束的天体组成的系统。它的最大范围可延伸到一光年以外，位于银河系的旋臂上，其具体位置是在离银心 10 千秒差距，偏银面向北约 8 秒差距处。

太阳系主要成员（图 6.1）：太阳（质量占太阳系的 99.865%）；八大行星：水星、金星、地球、火星、木星、土星、天王星、海王星；矮行星（冥王星等）、小行星、小行星带；彗星；流星体（小天体 1 ~ 1000 克）；行星际物质（气体、尘埃、宇宙线、磁场）等。

图 6.1　壮观灿烂的太阳系家族

从太阳系的图示中看，八大行星差异很大，体现在质量、密度、到太阳的距离、轨道偏心率等。这里用图例（图 6.2）可以看看最大的木星和最小的水星的差距，用表 6.1 详细说明八大行星的数据。

图 6.2　八大行星

表 6.1　八大行星数据

	赤道半径 / 千米	表面温度 / 度	自转周期 / 日	公转周期	卫星数	重量（地球 =1）	体积（地球 =1）	最亮星等
水星	2440	−170 ~ 430	58.65	88.97 日	0	0.055	0.056	−1.9 等
金星	6052	420 ~ 485	243	225 日	0	5.24	0.857	−4.4 等
地球	6378	−60 ~ 50	0.9973	365.26 日	1	1	1	—
火星	3397	−100 ~ 15	1.0260	686.98 日	2	0.107	0.151	−2.8 等
木星	71492	−150	0.414	11.86 年	92	317.83	1316	−2.8 等
土星	60268	−175	0.444	29.46 年	83	95.16	745	+0.4 等
天王星	25559	−180	0.718	84.02 年	27	14.54	65.2	5.6 等
海王星	24764	−200	0.671	164.77 年	14	17.15	56	7.9 等

太阳系八大行星按性质可分为类地行星（地球、水星、金星、火星）和类木行星（木星、土星、天王星、海王星）；也可以分为地内行星和地外行星。太阳

系天体均诞生于太阳星云团。所以，太阳系内天体的运动有共面、近圆、同向三大特点（图 6.3）。

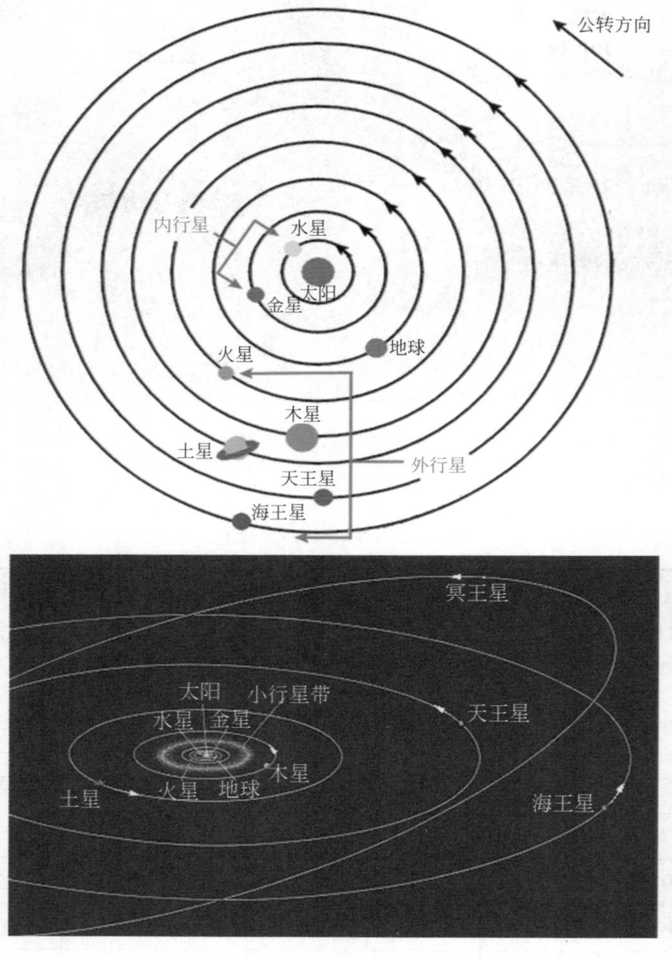

图 6.3　太阳系内天体的运动

6.2　太阳是万物之源

太阳是距离地球最近的恒星，它的大小和亮度属于中等，归类属于 G1 型矮星。太阳有磁场和自转，太阳的核心温度高达 1500 万摄氏度，压力超过地球的 340 亿倍。在这里发生着核聚变，聚变导致四个氢原子产生一个氦原子核。氦原

子的质量比四个氢原子小 0.7%，剩余的质量转化成了能量被释放至太阳的表面，散发出光和热。每秒有 7 亿吨的氢被转化成氦，在这过程中，约有五百万吨的净能量被释放。太阳核心的能量需要通过几百万年才能到达它的表面。太阳的年龄约为 50 亿年，它还可以继续燃烧约 50 亿年。其在最后阶段，膨胀变成红巨星，直至将地球吞没。然后坍缩成一颗白矮星。它最终将冷却成一颗褐矮星。

在银河系两千多亿颗恒星中，太阳只是普通的一员，它位于银河系的对称平面附近，一方面绕着银心以 250 千米每秒的速度旋转，另一方面又相对于周围恒星以 19.7 千米每秒的速度朝着织女星附近方向运动。

太阳结构大体上可分为内部和外部两部分(图 6.4)。太阳内部主要有核心区、辐射区和对流区。能量来源于其核心区，核心区约占总质量的 50%，太阳半径的 10%。

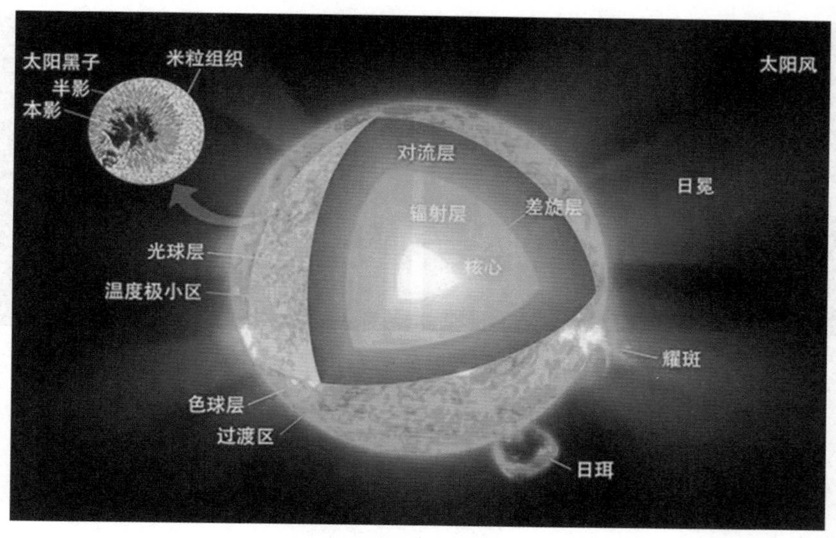

图 6.4　太阳结构图

辐射区包在核心区外面，核心区产生的能量经过几百万年才能穿过这一层到达对流区。能量在对流区的传递要比辐射区快得多。以对流的方式向外输送能量(有点像烧开水，被加热的部分向上升，冷却了的部分向下降)。对流产生的气泡一样的结构就是我们在太阳大气的光球层中看到的“米粒组织”。

太阳的外部也是我们看到的太阳活动区。它包含光球层、色球层、日冕、日珥、耀斑和太阳黑子等。

光球层就是我们实际看到的太阳圆面。它辐射出太阳能量的绝大部分。太阳能量经过色球层向外传递，这一层可见太阳耀斑。耀斑是太阳黑子形成前在色球层产生的灼热的氢云层。在光球层的某些区域，温度比周围稍低，这便是黑子。

太阳黑子活动呈周期性，两次极大年的平均间隔为 11.2 年。在黑子群周围常出现耀斑，发出的辐射和粒子同地球磁场和电离层相互作用会使地球上的短波无线电通信中断并出现极光。

太阳大气的外层（日冕），位于色球之上，伸展的范围超过太阳圆面半径十几倍。太阳黑子活动的极大年时，日冕的形状呈球形；极小年时两极的方向出现极羽（图 6.5）。在这一层中，会发生日珥，一直由光球伸展到日冕里。最大的日珥可以伸展到 4 万千米高，呈环状，可持续达几个月。

图 6.5　太阳黑子活动的极大年（左）和极小年（右）时日冕的形状

6.3　大行星

行星本身一般不发光，以表面反射太阳光而发亮。在主要由恒星组成的天空背景上，行星有明显的相对移动。离太阳最近的行星是水星，以下依次是金星、地球、火星、木星、土星、天王星和海王星。

6.3.1　类地行星

（1）**水星**是太阳系中最靠近太阳的行星，它与太阳的角距离最大不超过 28 度，最亮时目视星等达 –1.9 等，是太阳系中运动最快的行星，平均速度为 47.89 千米每秒，至今尚未发现有卫星（图 6.6 左）。

图 6.6　水星表面比月球更加“麻子脸”（左）和有浓厚大气的金星（右）

它的体积在太阳系大行星中是最小的。它的直径比地球小 40%，比月球大 40%。水星甚至比木星的卫星 Ganymede（木卫三）和土星的卫星 Titan（土卫六）还小。

（2）**金星**（图 6.6 右）是距太阳第二近的行星。它是天空中最亮的星，亮度最大时为 −4.4 等，比著名的天狼星还亮 14 倍。金星是地内行星，至今尚未发现有卫星。金星被厚厚的主要成分为二氧化碳的大气所包围，一点水也没有；云层由硫酸微滴组成；大气压相当于在地球海平面上的 92 倍，人在金星表面相当于在地球 1000 米深的海底。

金星上的一天相当于地球上的 243 天，比它 225 天的一年还要长。金星是自东向西自转的，这意味着在金星上，太阳是西升东落的。

（3）**火星**按离太阳的次序为第四颗，体积在太阳系中居第七位。由于火星上的岩石、砂土和天空是红色或粉红色的，因此这颗行星又常被称作“红色的星球”。它的亮度在 +1.5 等和 −2.9 等之间不断变化。火星的南半球是类似月球的布满陨石坑的古老高原，而北半球大多由年轻的平原组成。火星上高 24 千米的“奥林匹斯”山是太阳系中最高的山脉（图 6.7 右）。火星有两颗非常小的卫星：火卫一和火卫二。

图 6.7　火星的极冠上有冰层残留（左），“奥林匹斯”山（右）

6.3.2　类木行星

（1）**木星**是距太阳的第五颗行星，八大行星中最大的一颗，是一颗气态行星。木星的亮度仅次于金星，通常比火星亮（火星冲日时除外），也比天狼星亮。1979 年，“旅行者”一号发现木星也有环，但它非常昏暗，在地球上几乎看不到（图 6.8 左）。纬线上色彩分明的条纹，表征着木星多变的天气系统。“大红斑”就是一个复杂的按顺时针方向运动的风暴。在木星的两极，发现了与地球上十分相似的极光。在木星的云层上端，也发现有与地球上类似的高空闪电。

图 6.8　有花斑的木星（左）和有漂亮光环的土星（右）

（2）**土星**是距离太阳的第六颗行星，有美丽的光环，是最美的天体之一（图6.8右）。土星表面呈淡黄色，有平行于赤道的永久性云带，但不如木星上显著。

土星的视星等随光环张开程度有 3 个星等的变化，赤道区最亮，呈米色，有时几乎是白色，极区稍暗，色近微绿，云带略呈橙色。

土星在冲日时的视星等达 -0.4 等，亮度可与天空中最亮的恒星相比。土星是太阳系中卫星数目较多的一颗行星，最新的数据显示其共有 83 颗卫星，仅次于有 92 颗卫星的木星。

（3）**天王星**是距太阳的第七颗行星，在太阳系中，它的体积位居第三。天王星有 27 颗卫星，11 条光环。天王星于 1781 年 3 月 13 日由英国天文学家威廉·赫歇尔发现（图 6.9 左）。

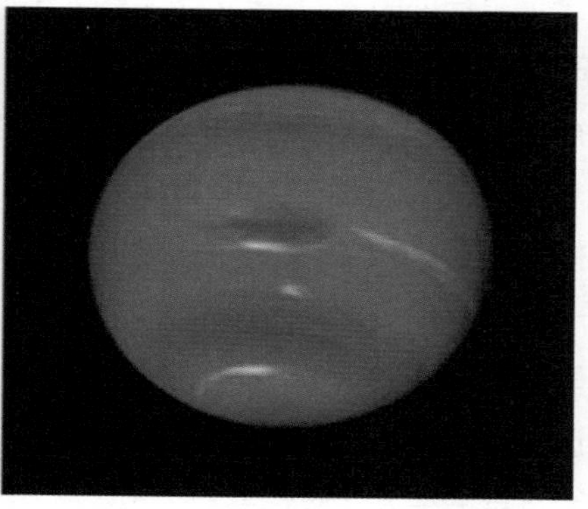

图 6.9 天王星（左）和海王星（右）

（4）**海王星**是距离太阳的第八颗行星，是通过它对天王星轨道的摄动作用而被发现的，计算者为法国的勒威耶，德国的伽勒是按计算位置观测到该行星的第一个人。这一发现被看成是行星运动理论精确性的一个范例，被称为“笔尖底下”发现的行星。

海王星有 14 颗卫星，5 条光环。由于海王星是一颗淡蓝色的行星（图 6.9 右），人们根据传统的行星命名法，称其为涅普顿。涅普顿是罗马神话中统治大海的海神，掌握着 1/3 的宇宙。

6.4 矮行星 小行星 卫星

2006 年 8 月 24 日第 26 届 IAU 大会的大约 2500 名科学家经数天的争论，最后表决通过将原来太阳系的第九大行星——冥王星排除在大行星行列之外，而将其列入“矮行星”。

一直以来，什么是行星？怎样大小的行星可以称为“大行星”？这个问题并没有硬性和严格的规定。在古希腊语中，行星（planet）一词的本义是“流浪者”，这是因为古代的天文学家观察到某些星星时时刻刻都在天空中移动，而另一些看起来一动不动。因此他们将前者称为行星或“流浪者”，而将后者称为恒星（fixed star）。到了今天，行星指的是那些围绕着恒星公转的不发光天体。这个松散的定义同时也囊括了数量众多的彗星和小行星。

6.4.1　冥王星被“降格”为矮行星

冥王星在远离太阳 59 亿千米的太空中运行，有一颗卫星卡戎（Charon）。冥王星的直径约为 2510 千米，比月球还小，而卡戎的直径为 1180 千米，它与冥王星直径之比约为 2:1，是行星中行星与卫星之比最大的。冥王星的质量是地球质量的 0.0024 倍，它不仅比水星质量小，甚至比月球质量还小；冥王星与太阳的距离是如此遥远，致使它表面的温度接近 –240 摄氏度。在冥王星上，太阳看上去只是一颗 5 等星。

冥王星是 1930 年被美国的汤博发现的。他当时错估了它的质量和体积（它太遥远！），认为它比地球大几倍。等这个错误被纠正时，冥王星已经作为太阳系第九大行星被写入了教科书。

一直以来，世界上的大多数天文学家都对冥王星的地位问题睁一只眼闭一只眼，直到“齐娜”（Xena）的出现，才将争论推向了顶峰。2003 年，美国天文学家布朗在柯伊伯（Kuiper）小行星带发现了它，并将其编号为 UB313（小行星编号）。“齐娜”的直径约为 2398 千米，跟冥王星差不多。为此，布朗表示，“齐娜”应该被命名为太阳系第十大行星。但“齐娜”位于布满小行星的柯伊伯带，柯伊伯带上还有着更多的岩石天体。

2002 年发现的“夸瓦尔”（Quaoar）、2004 年发现的“塞德娜”（Sedna）都没有获得行星资格，因此冥王星的第九大行星的地位愈发显得名不正、言不顺。

但这又是一个我们必须解决的问题。是把“齐娜”“夸瓦尔”和“塞德娜”等新发现或将要发现的“个头较大”的“流浪者”都“提拔”为大行星？还是忍痛割爱把冥王星从大行星行列中排除出去？

参加第 26 届 IAU 大会的科学家最后表决，将冥王星排除在大行星行列之外，而将其列入“矮行星”。冥王星被 IAU 剥夺行星身份后，为了配合其矮行星的地位，

被赋予了一个新的名称和一个新的小行星序列号：134340。同时，冥王星的卫星卡戎、尼克斯（Nix）和许德拉（Hydra）也被列入了这一小行星系统，并被授予了各自的小行星序列号。这几颗冥王星卫星的序列号分别为 134340 I、II 和 III。

6.4.2　小行星带

在太阳系中，除了八大行星以外，还有两个充满着绕太阳公转的小天体的“小行星带”。在红色的火星和巨大的木星轨道之间（图 6.10），有成千上万颗肉眼看不见的小天体，沿着椭圆轨道围绕太阳公转。与八大行星相比，它们好像是微不足道的碎石头。这些小天体就是太阳系中的小行星。

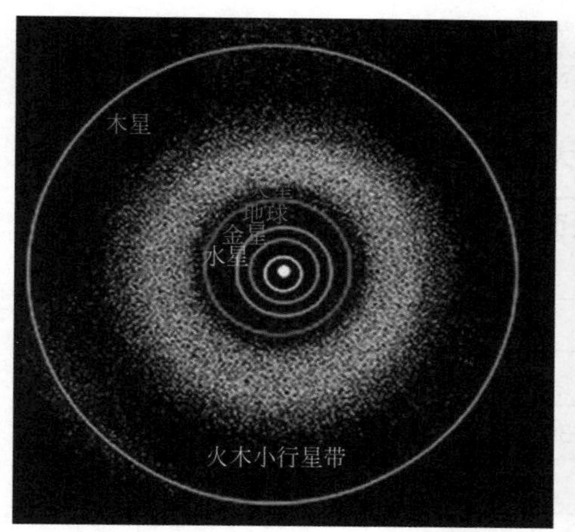

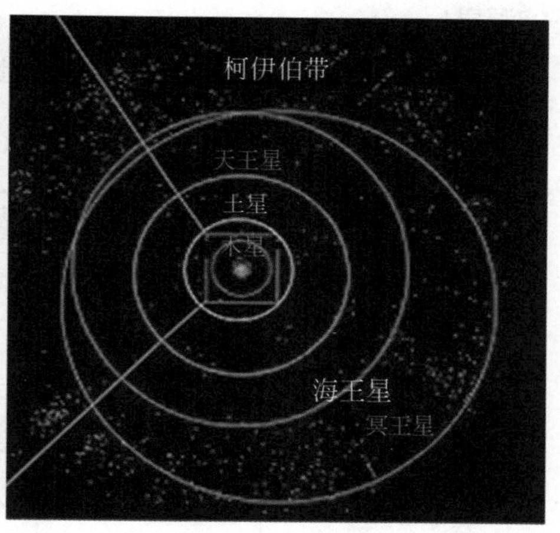

图 6.10　太阳系中的两个小行星带

大多数小行星的体积都很小，是些形状不规则的石块。最早发现的“谷神星”“智神星”“婚神星”和“灶神星”是小行星中最大的四颗。其中“谷神星”直径约为 1000 千米，位居老大，老四“婚神星”直径约 200 千米。除去这“四大金刚”外，其余的小行星就更小了，最小的直径还不足 1 千米。

自从 1801 年发现第一颗小行星到 2022 年，已登记在册和编了号的小行星已有 251651 颗。被发现的小行星约 127 万颗，绝大多数分布在两个小行星带上：火木小行星带在距太阳 2.06 ~ 3.65AU 的位置，柯伊伯小行星带在距太阳 40 ~ 50 个 AU 之间。

火木小行星带形成的原因，是这个区域里的“星子”太靠近庞大的木星，致使它们无法相互吸引、“团聚”形成大行星。

柯伊伯带则是 1951 年由柯伊伯首先提出的，1992 年人类发现了第一个柯伊伯天体；今天，发现柯伊伯地带有约 10 万颗直径超过 100 千米的星体；天文学界就以柯伊伯的名字为其命名。

6.4.3 太阳系卫星一簇

太阳系八大行星中只有水星和金星没有卫星。科学家对太阳系大行星的卫星越来越感兴趣。一个原因是太阳系的卫星众多，而且数量还在不断变化；另一个原因是这些卫星不论从形态、构造等方面都存在巨大的差异，有极强的研究价值；最重要的原因是，在其中的一些卫星上发现可能存在大量的液态水，而水是生命的源泉！

我们看看比较受关注的八大卫星的资料（表 6.2）。

表 6.2 八大卫星数据

	平均直径 / 千米	质量 / 千克	表面温度 / 开	公转周期 / 天	自转周期	视星等
木卫三	5262	1.14819×10^{23}	110	7.15	与公转同步	4.61
土卫六	5150	1.345×10^{23}	84	15.8	与公转同步	1.23
木卫四	4821	1.076×10^{23}	134 ± 11	16.69	与公转同步	5.65
木卫一	3643	8.932×10^{22}	130	1.77	与公转同步	5.02
月球	3476	7.342×10^{22}	90 ~ 400	27.32	与公转同步	满月时为 −13
木卫二	3122	4.8×10^{22}	103	3.55	与公转同步	5.3
海卫一	2707	2.147×10^{22}	34.5	−5.877（逆行）	与公转同步	13.47
天卫三	1578	3.526×10^{21}	60	8.706	与公转同步	13.73

（1）**木卫三（盖尼米德）**是太阳系中最大的卫星，其平均直径 5262 千米。木卫三主要由硅酸盐岩石和冰体构成，有一层稀薄的含氧大气层。NASA 的“伽利略”号太空船发现在“木卫三”的表面下有液体水的迹象。

（2）**土卫六（泰坦星）**是土星最大的卫星。土卫六有浓密的大气，主要成分是氮。土卫六一半是冰一半是固体材料。土卫六上分布着由液体甲烷和乙烷构成的湖泊，这颗卫星的寒冷程度超过南极洲。土卫六有复杂的有机分子，像 45 亿

年前的地球。

（3）**木卫四（卡里斯托）**由近乎等量的岩石和水构成。其表面有冰、二氧化碳、硅酸盐和各种有机物。其表面之下 100 千米处则可能存在着一个地下海洋，其构成物质为液态水。所以该卫星上也可能存在生命，不过其存在生命的概率要小于邻近的另一颗卫星木卫二。

（4）**木卫一（艾奥）**主要由硅酸盐岩石和铁组成，在卫星中比其他的卫星更接近类地行星的结构。木卫一有 400 多座活火山，使它成为太阳系中地质活动最活跃的天体。木卫一的大气层极端稀薄，只有地球大气压力的十亿分之一，主要的成分是二氧化硫。木卫一如此活跃的原因可能是因为它位于木星与木星的另两颗大卫星——木卫二和木卫三的共同引力潮汐作用下，这种类似拔河竞赛似的引力作用常常使木卫一的形状发生大至 100 米左右的改变。

（5）**木卫二（欧罗巴）**与类地行星相似，即主要由硅酸盐岩石构成。它的表面有水覆盖，据推测厚可达上百千米，上层为冻结的冰壳，冰壳下是一个覆盖全球的液态海洋。中心可能还有一个铁核。

木卫二的表面极度光滑，很少有超过几百米的起伏，它是太阳系中最光滑的天体。木卫二上的环形山很少，只发现三个直径大于 5 千米的环形山。这表明它有一个年轻又活跃的表面。

木卫二包裹着一层主要由氧构成的极其稀薄的大气。在已知的太阳系的所有卫星当中只有七颗具有大气层（其他六星为木卫一、木卫四、土卫二、木卫三、土卫六和海卫一）。

（6）**海卫一（崔顿）**有一个逆行轨道（轨道公转方向与行星的自转方向相反）。逆行的卫星不可能与行星同时产生，因此它是后来被行星捕获的。他可能是一个柯伊伯天体，后来被海王星捕获。由于海卫一的轨道离海王星非常近，加上它的逆行，它持续受潮汐作用的影响。估计在 14 亿年到 36 亿年之间，它可能与海王星大气层相撞，或者分裂形成一个环。海卫一的轨道几乎是一个完美的圆，其偏心率小于 0.0000001。

海卫一的轨道与海王星（赤道面）倾角达 157°，与海王星的轨道之间的倾角达 130°。因此它的极几乎可以直对太阳。每 82 年海卫一的一个极正对太阳，这导致了海卫一表面有极端的季节变化。其季节变化的大周期每 700 年重复一次。

海卫一地质活跃，其表面非常年轻，很少有撞击坑。旅行者 2 号观测到了多个冰火山或正在喷发的液氮、灰尘或甲烷混合物的喷泉，这些喷泉可以达到 8 千米的高度。

（7）**天卫三（泰坦妮亚）**的主要成分为水冰，有少量冻甲烷和岩石。有一种模型认为它大致由 50% 的碎冰、30% 的硅酸盐岩石和 20% 与甲烷相关的有机化合物组成。天卫三的地形是由火山口地形和相连长达数千米的山谷混合而成。

天文小贴士：如何在夜空中寻找行星

夜空总是千变万化，不停地为我们呈现各式各样的物体。你会在夜空中看到星星、星座、月亮、流星。有 5 颗亮度很高，可以用肉眼直接观测到的行星，它们分别是水星、金星、火星、木星和土星。这些行星在一年中的大部分时间都能观测到。但我们很难在同一天晚上同时看到这五颗行星。那么我们要按怎样的程序去找它们呢?

1. 清楚你要找的是什么

（1）**分清行星和恒星**。行星通常比恒星明亮得多。此外，行星离地球更近，这使得它们看起来像是一个圆盘，而不是一个小点。

（2）**寻找明亮的行星**。在可观测的时期去找，如冲日和大距时。木星和土星永远是最容易看到的行星。

（3）**知道你要找什么颜色的行星**。每个行星反射的太阳光都不同，因此你要弄清楚在夜空中寻找的行星是什么颜色的。图 6.11 为金木水火土五大行星。

图 6.11　五大行星

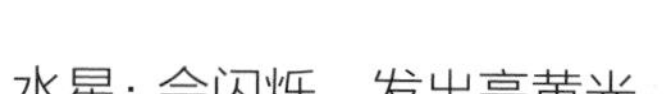

水星：会闪烁，发出亮黄光。

金星：经常被误认为是 UFO，因为它很大，而且会发出银光。

火星：在夜空中寻找一颗红色的行星，那就是火星。

木星：整夜都会发出白光，它的光芒在夜空中排名第二。

土星：会发出黄白色的光。

2. 朝着正确的方向寻找

（1）要知道灯光会影响天空。如果你住在乡村地区，观星会更容易一些。如果你住在城市，可能会由于光污染而很难看到星星。可以试着找一处远离建筑物光线干扰的地方。

（2）在天空中找对观察的方向。各大行星的轨道都是固定的。因此知道从什么方位寻找行星是非常重要的。一个好方法是，通过行星所在的星空区域来找到它们。

水星：可以在太阳附近看到水星。但由于它离太阳太近，在一年的大部分时间里，我们都会因为阳光的照射而看不到水星，但在 8 月中旬，我们寻找它会容易很多。

火星：清晨时分朝天边看，火星会向东移动。

木星：木星总是离太阳很远。

土星：2022 年会在摩羯座，2023—2025 年它一直在双鱼座。

这些行星都可能存在一个观测期，但这一时期可能在东半球更早一些，在西半球会晚些。当你在判断行星的观测期时，要考虑到你在地球上所处的方位。

3. 在正确的时间进行观测

（1）确定星球的观测期。在此期间，该星球才能被我们观测到。在不同的地方，观测期持续的时间各不相同，从几周到接近两年不等。你可以在大多数天文学目录中查找这些信息，以确定你要找的行星在什么时候能看到。

（2）清楚何时进行观测。大多数行星在黄昏或黎明时，都是最容易观测到的。在夜晚的时候，你就必须等到深夜再去观测，那时候的天空会变得非常黑暗。

结合星球的观测期与每晚它们最明显的时刻，从而确定最佳观星时机。

水星：一年中最容易观测到的阶段有 2 次。3—6 月的东大距和 9—12 月的西大距。

火星：在清晨的天空能观察到火星。从8月开始，火星开始在天空中不断升高，而在此后的几个月里它都将如此。随着高度的不断增加，它会变得更加明亮。

木星：黎明前的天空是观测木星的最好时机。

土星：可以在黄昏的天空中看到土星。土星会出现在十一月的夜空，并持续到年底，在凌晨的天空中都可以看到土星。

【小提示】

做好准备，穿暖和一点去观星。

远离光污染。农村地区是最好的夜晚观测地点。

第7课　创建火星城（团队手工设计）

天文知识的学习越来越引起青少年甚至家长们的兴趣和重视了！尤其是天文奥林匹克竞赛和全国、各省、各市以及区域、各学校的天文知识竞赛，青少年都很踊跃地参加。我们配合天文动手能力的锻炼，为大家介绍一下钱江市天文知识技能大赛中集体制作火星城的过程。

7.1　钱江市天文知识技能大赛

7.1.1　竞赛内容

1. 天文知识技能大赛

比赛包括知识竞答、望远镜实践操作、天象厅模拟观测。

（1）知识竞答：天文概念与常识的知识竞答，考查天文理论知识。时间为60分钟。

（2）望远镜实践操作：在规定时间内，选手需按要求完成重要配件安装、望远镜调节及观测目标寻找、瞄准及答题等相关任务。

天文望远镜主要配件：折射式主镜；手动赤道仪；光学寻星镜。

（3）天象厅模拟观测：根据选手的抽签确定观测目标，在规定时间内，选手需按照要求完成常见星座或亮星目标的寻找与辨识。

2. “未来火星城”设计和制作活动

调研有关未来火星开发的相关科学知识，思考人类在火星上生存可能会面临的困境，展开针对性研究，设计并制作一个“未来火星城”模型，模型的设计与制作需要体现选手解决问题的创意。

（1）活动安排，分为三个阶段。

①线上初评。×月×日前参赛者通过线上活动平台上交作品相关材料参与初评。

②作品评审。× 月 × 日前组委会组织专家评审并根据作品质量情况选出相应数量参加现场答辩决赛。

③答辩决赛。× 月 × 日，答辩决赛以现场比赛的方式进行，由评委专家组根据选手表现进行综合评分。

（2）活动要求。

参赛团队须制作一个火星城市模型，完成一份项目式学习报告，并以照片、文档形式上传至活动平台参与线上初评。如进入决赛环节还需要准备现场答辩资料。

①火星城市模型要求：制作材料不限，须体现原创性、科学性及美观性，底面长宽均为 1 米，高度不限。参赛作品必须由选手团队独立制作完成，选手参与制作的完整过程需要以视频的形式记录备查。

线上初评资料上传要求：拍摄一张能展示火星城市模型全貌的侧面照片，照片须以“学校 + 姓名”命名。

②项目式学习报告要求：内容框架应符合基本的报告格式，内容需体现调查火星的环境现状、分析人类在火星可能面临的生存困境、明确想要解决的问题、分析并设计解决方案等。报告须体现原创性、科学性及规范性，图文并茂，其中文字不超过 3000 字。

7.1.2　竞赛方法

（1）各区、县（市）教育局（教卫局、社发局）在竞赛选拔的基础上推荐报名，各区每组别各项目限报 4 队（共 12 名选手），一支队伍由 3 名选手组成，须为同校选手，每校每队限报 1 名指导教师（必须为本学校在职在编教师）。

（2）各参赛单位于 × 月 × 日前进入钱江市青少年科技活动官网的“× 年钱江市中小学生科技节活动入口”，注册相关信息后报名。

7.1.3　成绩评定

1. 天文知识技能大赛

（1）知识竞答占 40%，成绩以小组得分的平均分为最终评分。

（2）望远镜实践操作占 30%，根据望远镜规范操作要求、现场公布的任务要求完成度及操作用时等评定。

（3）天象厅模拟观测占 30%，根据现场公布的观测任务要求完成度及观测用时等评定。

2.“未来火星城”设计和制作活动

（1）信息收集占 35%，能对调研问题搜集多方面的信息，并能对这些信息进行梳理，在报告中有条理地呈现等。

（2）科学严谨占 35%，设计方案具有原创性、科学性，能创意地解决问题且没有科学性错误。

（3）制作设计占 30%，评分范围包括模型材料选用、创意性、制作工艺、外形美观等。

7.1.4　奖项设置

按小学组、初中组、高中组分设一、二、三等奖若干，获各组别一等奖的指导教师获“优秀指导教师奖”。

7.2　竞赛评比过程

竞赛聘请专家组（图 7.1）成员 6 名、志愿人员若干，分 3 个阶段（线上初评、作品评审、答辩决赛）完成竞赛任务。

图 7.1　专家组成员进行现场评审

学生认真参赛，教师积极指导（图 7.2）。

图 7.2　参赛队员和指导教师

经过努力，同学们和老师们获得了成功，为集体和学校争得了荣誉，欣赏一下他们的作品吧（图 7.3~ 图 7.5）。

图 7.3　参赛作品一

图 7.4　参赛作品二

图 7.5　参赛作品三

7.3　参赛作品选登

“华夏火星城”项目学习报告

项目组成员：×××、×××、××××

指导老师：×××

一、项目介绍

本项目主要目的是通过对火星的知识进行深入了解，找到人类在火星生活时可能面临的问题，通过科学方法找到克服困难的方案并展开研究设计，完成人类可以在火星上生活的城市理论模型的制作。

本项目组总计三名成员，均为小学三年级的学生。首先，在教师及家长帮助下全面学习火星知识，了解火星的特点；其次，根据人类生活所需的环境进行讨论，确定空气（氧气）、温度和水、电等人类生存的必备要素，同时，综合火星与地球的环境差异设计出理论上合理 的改善方法；最后，设计出一个自循环生活体系的火星城市，通过搜集相关绿色环保材料，最终完成整个模型。

二、火星特点及人类生活所遇到的困难

1. 火星的介绍及其特点

火星作为太阳系中的一颗沙漠行星，属于类地行星，最大的特点就是那橘红

色的外表。火星在太阳系八大行星中，按离太阳由近及远的次序为第四颗。火星是地球的近邻，它在地球轨道之外，肉眼看去，它呈火红色，直径为 6794 千米，表面温度为 −63 摄氏度，卫星数量为 2 个。

火星的主要特点如下。

（1）火星的体积及质量：火星的赤道半径是 3332 千米，只有地球半径的一半；它的体积只有地球的 1/7，质量为地球的 1/9，表面引力常数为地球的 2/5。

（2）火星的气压及大气成分：由于火星的引力常数小，火星难以束缚住许多大气分子，因而火星大气非常稀薄。火星大气的主要成分是二氧化碳，约占 95%，其余是氮、氩、一氧化碳、氧、臭氧和氢，水汽的数量很少，平均约为大气总量的 0.01%。火星表面大气压为 7.5 百帕，相当于地球上 30~40 千米高处的大气压。

（3）火星的温度及变化：火星上受到的太阳辐射只有地球上受到的 40%，因而火星的表面温度比地球要低 30 摄氏度以上，昼夜温差超过 100 摄氏度。在火星赤道附近，中午的温度也只升到 20 摄氏度左右，晚上又下降到 −50 摄氏度以下；在两极地区的夏季气温只有 −70 摄氏度，冬季可下降到 −139 摄氏度。火星的南北两极都有白色的极冠，其大小随着季节不同而变化。当北半球是冬天时，北极冠增大；此时南半球是夏天，南极冠减少。当北半球到了夏天，北极冠的面积也随之缩减，和地球上的冰雪在夏季溶化的情景一样。

（4）火星的构造：火星基本上是沙漠行星，地表沙丘、砾石遍布且没有稳定的液态水体。二氧化碳为主的大气既稀薄又寒冷，沙尘悬浮其中，常有尘暴发生。火星两极皆有水冰与干冰组成的极冠。其内部构造与地球相似，有核、幔和壳。核中含有硫，几乎全部的铁都成了硫化铁。核的半径 1300~2000 千米。

（5）火星的其他特点：火星缺乏臭氧层，因此，每次太阳升起时，火星表面都会沐浴在致命剂量的辐射中。同时，火星大气中常有一种形状像黄云的尘暴。局部的尘暴经常出现，大的尘暴在地球上用望远镜可观测到，尘暴是由火星低层大气中卷着尘粒的大风构成的。据估计，每次大尘暴覆盖在火星南半球的尘埃达 108~1010 吨之多。

2. 人类在火星上生活遇到的问题分析

我们可以明确的是，即使是地球上最恶劣的环境也远比火星表面更适合生命的存在。根据上述火星的特点，我们发现人类若要移居到火星，需要解决以下问题。

（1）空气：人类生存需要氧气，火星大气的主要成分是二氧化碳，人们不能穿着太空服在火星生活。因此，氧气体系很重要。

（2）温度：最适合人类居住的温度为15~18摄氏度，湿度为78%~85%。人自身的体温，最低体温极限大约是14.2摄氏度，最高体温极限为46.5摄氏度，超出体温极限范围，人就会死亡。而火星温度较低，温差较大。因此，我们如何开发适合人类生存的温度调整体系也是重要问题。

（3）风力电力水利：三者不可分离，都是人类生存必备因素。如何结合火星特点和具备的资源条件开发出人类生存的风力电力水利体系也是必须关注的问题。

（4）火星的强辐射的恶劣环境：由于没有像地球一样的大气层保护，宇宙中对人体有害的射线较多，如何将整个火星城市保护起来抵御外来的危险也是要关注的重要问题。

（5）人类城市的生活及建设物资：房屋、植物、动物等自然环境建设的物资如果都从地球运过来，成本和难度较大，如何有效利用火星资源和开发新能源也是一个问题，尤其是城市的生活用品。我们需要考虑一个生存的自循环的生态系统，保证人们长久地生活下去。

三、人类在火星上生活的解决方法

基于上述问题，我们项目组在教师帮助下，查阅了目前一些相关科学技术方法，试图解决以上问题。我们发现，有些问题的解决方法比较成熟，也有些问题需要未来更多的高科技知识解决。但我们相信不久的将来，我们是可以在火星上建造一个美丽的城市的。

（1）电力系统的解决方法：我们本想采用风力发电，但是火星上没有可以利用的风力，于是决定用太阳光进行发电，其相对火电、核电等发电要更加绿色、环保。所以，本项目计划采用太阳能发电原理构建火星的电力系统。

（2）水净化系统的解决方法：科学研究指出，火星随季节变化的极冠既有水冰，又有干冰（固体二氧化碳）。北极冠大部分由水冰构成，南极冠则是由冻结了的二氧化碳构成。据估计，极冠中大约保存有大气中20%的二氧化碳，而保存的水则比大气中的要多得多。极冠中的水冰，如果全部溶化并均匀分布在火星表面，就会形成一个10米厚的水层。因此，我们研究的是将北极冠中水冰通过溶解、过滤及净化等科学方法变成人类能够使用的水，为此，我们研发了水利体系解决该问题。

（3）火星的辐射问题的解决方法：普通玻璃能阻挡90%以上波长小于300 nm的紫外线，但是能让90%以上波长大于350 nm的紫外线通过。对于波长350~300 nm的UVA，阻挡作用在10%~90%。而树脂玻璃对350~300 nm的UVA阻挡效果明显优于普通玻璃，目前的科学技术是采用双层真空树脂玻璃来解决这个问题，但针对火星而言，涉及面积大无法涵盖整个空间，因此我们会采用更为先进的技术——光隔离方法，用人造光形成保护罩抵御外来射线的影响，同时利用光波效应，有效地隔绝热量的散失，达到温室效应的效果。

（4）氧气制造系统的构建：南极冠存在冻结了的二氧化碳，缺少人类生存的空气，我们计划在城市体外建立全氟丙烷合成工厂，适量合成并释放全氟丙烷，从而提高火星的大气温度，这样在融化冰的同时，二氧化碳也被释放出来，目前科学发现火星表面土壤中含有碳元素和氟元素，所以在火星上人工合成全氟丙烷很方便，从而解决绿色植物光合作用的原料问题，然后在封闭的光体里面种植绿色植物，产生足够的氧气供人们使用。同时按照地球的特点增加湖泊和河流，形成自有的生态系统。

（5）生活区域的建设：通过科学技术解决了水、电、空气和温度等问题之后，这个火星城市就可以居住啦。为此我们建设了居住区、粮食区和娱乐区等。此外，我们构建了航空基地，欢迎更多地球人及外星球的居民来旅游居住。

四、火星城市的设计、实施及完工

通过之上分析，我们做了以下设计。

1. 火星城市具备的元素及设计

首先，选址会考虑选择在火星的南极，因为那里的冻土带据推测是由冰和干冰组成的，但温度低，昼夜温差大，因此为整个城市做了一个光保护罩，防御火星外围的辐射，同时保证保护罩内的空气和温度不会被外围环境影响，为城市自循环的生态系统提供保护。在这个光保护罩内，我们模仿了地球生态系统，增加了湖泊河流森林等面积，这样不但可提供城市所需的氧气，还有食物及生活的物资。

其次，将选取区域进行分块设计，包括供电系统、水利系统、生活区域、航天空间站等。其中水力、电力系统围绕整座城市，保证水电的正常使用；中国航天空间站主要是保证火星及地球之间的交通运输，当然也可以接待其他星球的居民。

最后，细化及美化生活区域，为了使得城市的人生活更便利。我们设计生活区、办公区和娱乐区等。这是人和自然及动物共存的一个区域，大部分物种及动

物都来自于地球。

城市名字为“华夏火星城”。

2. 材料的搜集

根据设计的内容及图纸，我们搜集了空矿泉水瓶、旧报纸、旧纸箱、亚力克板及旧的玩具。

3. 制作模型

第一步，根据项目要求，我们用旧纸板裁剪成 1 m 见方的大小作为火星地基，多层粘贴保证结实。根据火星的地表颜色和形状，打印图片粘贴在裁好的纸板上，画出火星城市区域图。

第二步，城市区域部分用绿色的旧玩具布料贴好，手工拼图做出城市雏形，颜料涂色。湖泊河流等用旧的塑料盒子剪出，颜料染色。

第三步，用不同颜色分区，凸显水利电力系统，使用塑料板为光伏发电板及科学实验小道具；水利系统用废旧矿泉水瓶和旧玩具构建水溶解、过滤及净化装置。

第四步，中国航天空间站，用旧矿泉水瓶、厨房用纸及牙刷盒子进行设计制作。

第五步，用颜料、旧报纸等进行整体润色。

最终形成以下作品（见图 7.6）。

图 7.6　作品模型

五、总结

通过该活动，我们收获满满。首先学习了火星特点及人类生存的问题，了解了很多的科学知识，动手做了这个可爱美丽的城市“华夏火星城”，锻炼了我们的动手能力，真希望我们可以早日登上火星，共同探索火星的奥秘、共同建设火星！

天文小贴士：浩瀚宇宙中最冷的地方在哪里

想象一下，宇宙中最冷的地方会是什么样子？

从物理学的角度，这个地方应该尽可能远离所有移动的粒子和辐射源；尽可能远离恒星、星系和正在收缩的气体云，同时屏蔽掉任何外部的光子源。但是去往宇宙的任何地方，你都要面对热源。离热源越远，你感受到的温度就越低。

地球距离太阳大约1.5亿千米，温度保持在300 K左右。向太阳系的边缘移动，物体接收到的太阳辐射越少温度就越低。例如，冥王星的温度只有 44 K，冷到足以使液态氮冻结。

巴纳德 68 星云（Barnard 68）的温度低于 20 K（图 7.7），其暗星云富含宇宙尘埃，导致其在可见光和近红外光下都不可见，但与宇宙微波背景的温度相比，它仍然相当温暖。

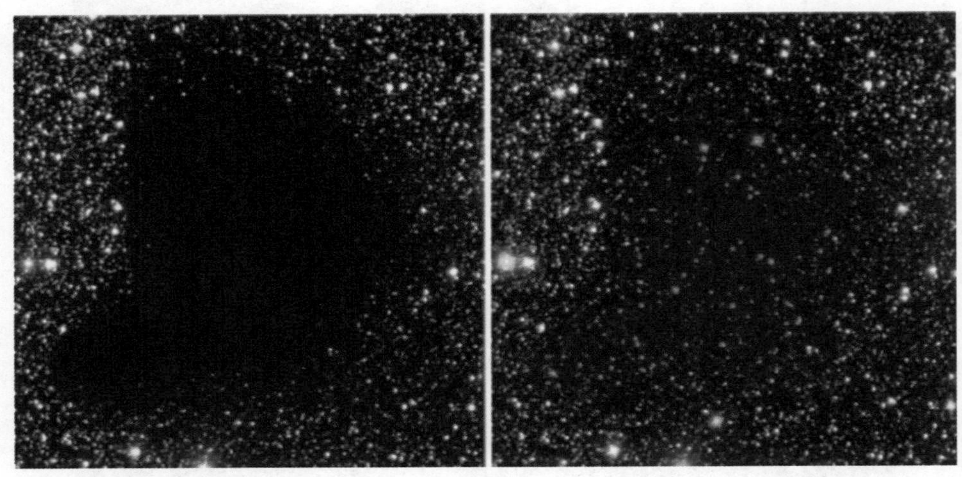

图 7.7　巴纳德 68 星云

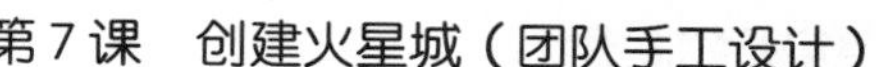

鹰状星云（图 7.8）以其中正在形成的恒星而闻名，包含了大量的博克球状体，即暗星云。这些球状体尚未蒸发，处于坍塌过程中，在完全消失之前会形成新的恒星。尽管这些球状体的外部环境可能非常热，但其内部可以免受辐射的影响，温度能够达到非常低的水平。

图 7.8　正在诞生恒星，吸收周围热量的鹰状星云

我们还可以去到更加空寂的地方，如星际空间，那里与最近恒星的距离以光年计。寒冷的分子云孤独地漫游在整个宇宙中。在那里，组成物质的粒子以超乎想象的慢速运动，接近于真正静止的量子极限。那里没有重要的内部热源来吸收这些粒子，更没有重要的外部热源对它们进行加热。就温度而言，空荡荡的星际空间温度只有 2.725 K，比绝对零度高不到 3 度。大爆炸的残留——微波背景才是唯一重要的热源。

由于宇宙中的每一个地方都不断受到红外、微波和无线电光子的轰击，你可能会认为 2.725 K 是自然界中最冷的温度。想要有更冷的体验，你必须等待宇宙进一步膨胀，拉伸这些光子的波长，并冷却到更低的温度。

当然，这是迟早会发生的事情。当宇宙的年龄是现在的两倍，即再过 138 亿年时，星际空间的温度将仅比绝对零度高 1 K。然而，回力棒星云（Boomerang Nebula）就在银河系当中，距离我们只有 5000 光年，却是宇宙中最冷的地方。1980 年，科学家首次观测到这个星云，它看起来呈不对称的双叶状，其弯曲处的

弧度像是澳大利亚原住民使用的回力棒，也因此得名。更清晰的观察结果向我们展示了这个星云的真实面目：这是一个前行星云，是一颗垂死的类太阳恒星生命的中间阶段。

图 7.9 是哈勃太空望远镜拍摄的回力棒星云彩色编码图像。从星云中喷射出来的气体以极快的速度膨胀，导致该星云绝热冷却。其中有些地方甚至比大爆炸遗留的辉光“宇宙微波背景”还要冷。

图 7.9　哈勃太空望远镜拍摄的回力棒星云彩色编码图像

所有类太阳恒星都会演变成红巨星，并在“行星状星云 / 白矮星”的组合中结束它们的生命。在这个组合中，外层会被吹走，中心核心收缩成一个高温、退化的状态。但是在红巨星和行星状星云阶段之间，还存在一个前行星云阶段。

前行星云出现在恒星外层气体壳被吹散之后，但在恒星内部温度升高之前。前行星云的形态有时是一个球体，但更常见的是双极、多节的喷流形式，喷出物从恒星的局部附近，延伸到恒星系统之外，进入星际介质。这个阶段存在时间短暂，只持续几千年。

目前只有十几颗恒星被发现处于这个阶段。在它们当中，回力棒星云是很特殊的一个，是一个年轻的、仍在形成中的行星状星云。它排出的气体比正常速度快 10 倍，移动速度达 164 千米每秒；质量损失速度更快：每年损失的物质大约相当于海王星的两倍。这导致回力棒星云成为已知宇宙中最冷的区域，该星云某些部分的温度只有 0.5 K，极其接近绝对零度（图 7.10）。

其他的行星状星云和前行星云都比回力棒星云热得多（图 7.11），但其物理原理其实是很容易理解的。你可以深吸一口气，屏住 3 秒。接着，你可以把手放在距离嘴巴 15 厘米的地方，进行以下两种尝试：

图 7.10 回力棒星云

图 7.11 IRAS 2006+84051 前行星云比回力棒星云温度要高

（1）张开嘴呼气，你会感觉到温暖的空气轻轻吹在手掌上；

（2）噘起嘴唇，小口吹气，你会感到吹到手上的空气变冷了。

在这两种情况下，你体内的空气都经过了加热，并且一直保持较高温度，直到经过你的嘴唇。当你把嘴张大时，空气会慢慢流出，温暖你的手；但如果小口吹气，空气就会迅速膨胀，在物理学中称为“绝热膨胀”，在这一过程中温度会下降。

形成回力棒星云的恒星外层都要具备以下条件：

（1）存在大量的热物质；

（2）热物质以难以置信的速度被喷射出去；

（3）从一个微小的点（或者更确切地说，是两个点）喷出；

（4）有足够的空间来膨胀和冷却。

因此，当回力棒星云释放出的物质进一步延伸到周围的介质当中时，就会膨胀并冷却，图 7.12 是回力棒星云及其周围区域的彩色温度图，蓝色区域是膨胀最大，温度也最低的区域。这些物质的冷却速度远远快于周围的辐射，包括来自其他恒星和宇宙微波背景的辐射，后者可以使其升温。当然，回力棒星云不会永远

保持这样的低温，但就目前而言，它明显低于宇宙中其他所有物质的有效最低温度——2.725 K。

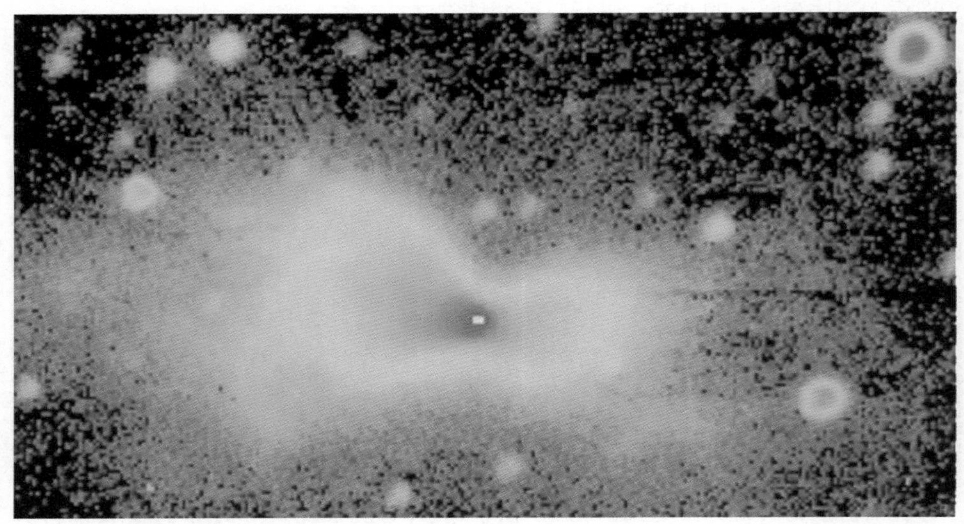

图 7.12　回力棒星云及其周围区域的彩色温度图

回力棒星云的惊人之处还在于，它所拥有的特征在被发现之前就已经有人预测到了。天文学家 Raghvendra Sahai 计算出，前行星云在条件合适的情况下（上面列出的条件），可以达到比宇宙中任何自然事物都要低的温度。Sahai 于 1995 年确定了回力棒星云的温度，并发现了与预期精确吻合的结果：这是宇宙中温度最低的自然区域。即使是 2023 年，这一结果仍然成立。

第8课　星光点点

天上的星星，肉眼能看到的有 6000 多颗，除了行星、流星、彗星之外，都是恒星。

它们之所以被称为“恒星”，是由于它们之间的相对位置，在很长的时间内，用肉眼看不出什么改变。其实，它们都在运动，只是离我们非常遥远，用肉眼觉察不到。

恒星在运动，也有生命。恒星都是气体球，没有固态的表面，气体依靠自身的引力，聚集成球体。恒星像太阳一样依靠核反应产生能量，在相当长的时间内稳定发光。离我们最近的恒星是半人马座的比邻星，距离我们 4.3 光年，比我们与太阳的距离要远 27 万倍。

8.1　恒星漫话

仔细观看天上众星，它们明暗不一，颜色也有差别。实际上，数千年前，人类便开始观察并且记录天上的星星，并依照亮度与颜色对它们进行分类。

8.1.1　亮晶晶的恒星

1. 恒星的表面温度

星光（或称电磁辐射）是天体内部核反应的产物。一般辐射面就是恒星表面，恒星具有一定的表面温度。表面温度不同恒星的颜色也就不同。表面温度越高的天体辐射强度越强，能量也会集中在短波辐射。以可见光的范围来说，红光波长最长而紫光波长最短，因此，表面温度越高的恒星，颜色越偏蓝色，表面温度较低的恒星颜色越偏红色。

太阳表面温度为 5800 度，所以呈现黄色；表面温度仅有 3000 度的参宿四呈红色，表面温度为 3500 度的心宿二也是红色（图 8.1）；而温度达到 10000 度的织女星则为白色，更高温的天体则呈现蓝白色甚至蓝色。

图 8.1　参宿四（左）心宿二和火星（右）

2. 恒星的亮度和（视）星等

恒星的亮度和它到地球的距离有关。恒星的亮度用（视）星等表示，但是，我们看到的星星越亮，并不说明它的发光本领越强，因为它可能离我们很近。

古希腊的喜帕恰斯依据肉眼所见的亮暗程度，将天上的恒星星等定为 1 等星到 6 等星，1 等星最亮，而 6 等星则是肉眼可见最暗的星。19 世纪英国天文学家经过仪器测量，发现 1 等星的亮度是 6 等星的 100 倍，因此就规定星等每差 1 等，亮度比约为 2.5 倍。这样，星等大小与亮度关系数值化以后，星等数值可以用整数、零或负数表示。

亮星多半有自己的名字，例如牛郎星与织女星。目前使用的命名方法是以（星座名 + 亮度排序）来表示，同一星座内的恒星亮暗排序以希腊字母命名，依序为 α、β、γ、δ、ε、ς 等；例如天琴座 α 星（织女星）就是天琴座中最亮的星。肉眼可见的星分为 6 等。其中 1 等星 20 颗，2 等星 46 颗，3 等星 134 颗，4 等星 458 颗，5 等星 1476 颗，6 等星 4840 颗，共计 6974 颗。

3. 恒星的光度和绝对星等

恒星的亮度不能表达它的发光本领。我们衡量恒星的发光能力（本领）用恒星的光度和绝对星等（绝对亮度）。描述恒星的发光本领，可将恒星看成超级大的灯泡。同样瓦数的灯泡，放的距离远近不同，亮度就会有差异。比较亮度，我

们需要把灯泡都放在同样的距离上。天文学上就是将恒星都移到距地球 10pc 处，此时所得的亮度称为绝对星等，这样才能比较和量度恒星真正的“发光能力”。例如太阳，（视）星等为 –26.74，绝对星等为 4.83，只有中等亮度。

4. 大小差异有几千倍

恒星的大小相差较大。以直径相比，由太阳的几百甚至一两千倍直到不及太阳的十分之一（图 8.2）。恒星的大小和它的演化程度有关，早中期较小、后期较大，太阳属于中年（矮星），体积较小，天津四（蓝巨星）、心宿二（红巨星）属于晚年，体积较大。将要死亡的恒星更小，只有地球般大小，甚至几十千米直径。相对来说，恒星的质量差距要小得多，由太阳质量的 120 倍或更大一些，直到约 0.1 倍太阳质量。由此可知，大直径的恒星与小直径的恒星物质平均密度相差会很大。

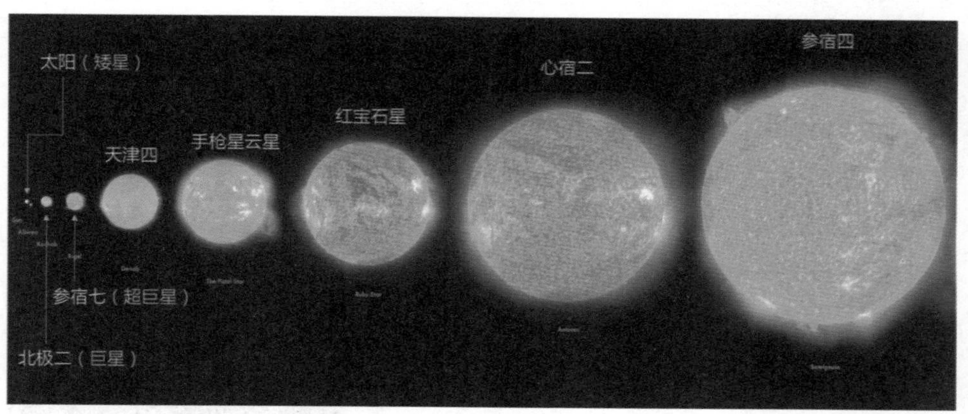

图 8.2　恒星大小对比

5. 恒星的质量

一般恒星质量在 0.05 ~ 120 个太阳质量。如果恒星质量太大，它就很不稳定，会分裂成双星；如果恒星质量过小，它的中心温度和压力不够，难以产生持久的核反应，就不能叫作恒星了。由此可见，恒星质量差别比体积差异小得多。

现在已知质量最大的恒星之一如 HD93250 星，它的质量大约是太阳质量的 120 倍。角宿一双星的主星质量约为太阳的 10 倍，五车二双星中两星质量各为太阳的 2.7 倍和 2.6 倍，天狼星主星质量为太阳的 2.1 倍，大部分白矮星的质量介于太阳的 0.45 ~ 0.65 倍，许多红矮星的质量不到太阳的一半乃至小于太阳的十分之一。

8.1.2 恒星在动

很久之前，中外天文学家就知道恒星只是看上去不动。唐代的张遂（一行），在 724 年发现人马座 ξ1（建星）的位置与古代的记录不一致，从而发现了这颗恒星的位置移动。

1718 年，英国的哈雷发现，他所观测到的 4 颗最亮恒星的位置，即大犬 α、金牛 α、牧夫 α 和猎户 α 的位置，与喜帕恰斯和托勒密的观测记录很不一致。排除各种可能的误差之后，哈雷指出，可能所有的恒星都有自己的运动。

我们将恒星沿着我们视线方向的运动称为“视差（运动）”，将沿着天球垂直于我们视线方向的运动称为“自行（运动）”。恒星的视差不能直接观察到，而恒星的自行是可以直接观察的，它会引起恒星的相对位置发生变化（图 8.3）。赫歇尔在 1783 年研究恒星的自行发现，大犬 α、双子 α、天鹰 α、狮子 α 和牧夫 α 这些著名的亮星，似乎都在沿着以武仙座内的一点为中心而散开的方向运动着。这一事实提醒天文学家得出这样的推断：太阳正在携带着它的“家族”成员朝着武仙座运动。这就像你坐在一辆在大平原上高速奔驰的汽车上时，会看到远处的房屋、树木等似乎正在从你的正前方朝两边飞快地散开来。经测量，“太阳列车”的速度是 19.7 千米每秒，每年前进的距离约 6 亿千米。

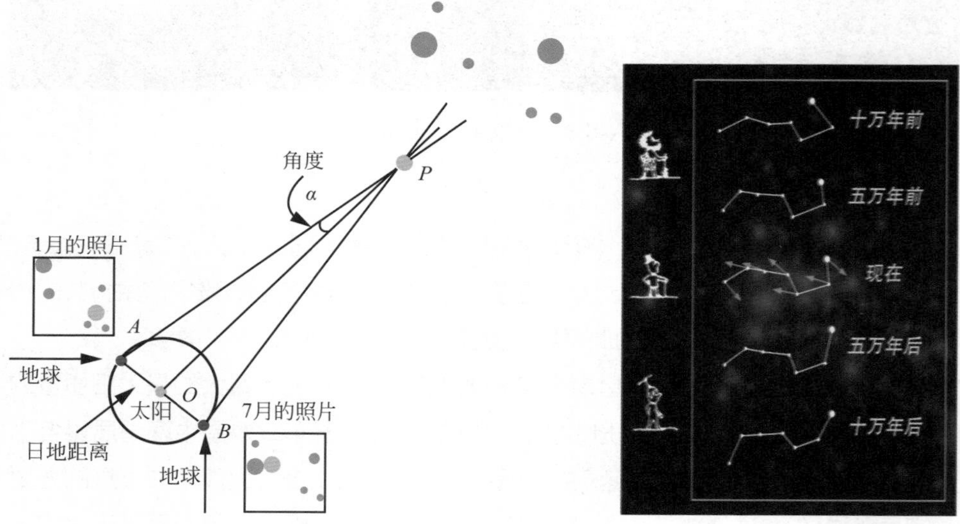

图 8.3　恒星自行和北斗七星的自行趋势（图中的箭头）变化

自行最快的是蛇夫座的巴纳德星，达到 10.31 角秒每年。一般的恒星自行要小得多，绝大多数小于 1 角秒每年。恒星视差的测量可以借助于测量恒星光谱的“多普勒移动”。目前测到的最大“红移”速度达到 0.86*c*，也就是说天体以接近光速的速度在运动。

8.1.3　恒星的条形码——赫罗图

光谱是光源所发光波经分光仪器分离后的各种不同波长成分的有序排列，如三棱镜的色散现象。

1. 天体光谱分析

天体光谱分析包括定性分析和定量分析两种。定性分析的主要任务是谱线认证，也就是说，确认天体光谱中的谱线是哪些化学元素产生的。定量分析就是根据谱线的强度来确定化学元素的比例。

星光经过光谱仪（分光仪）的分光拍摄的恒星光谱，就像超市商品上的条形码一样，可以告诉我们有关恒星的信息。将这些谱线与标准元素光谱比对，可以知道星体的物理、化学特征。

如图 8.4 所示，天体光谱分别由恒星（热源）气体云（吸收源）发出，分别产生连续光谱、发射谱线（亮线）和吸收谱线（暗线）。

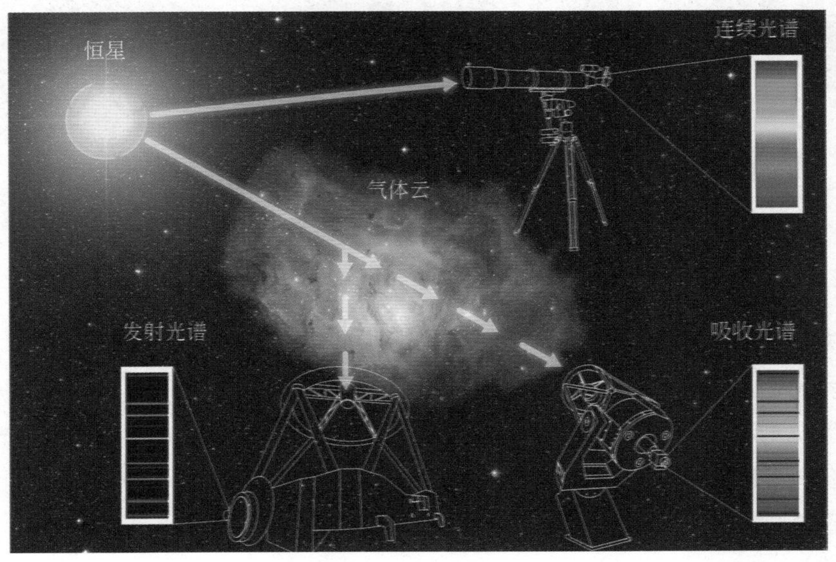

图 8.4　分光仪拍摄光谱

以太阳为例，定性分析太阳光谱，可以推出太阳表面至少含有 57 种元素；定量比较可知太阳大气中按质量计：H–70%，He–28%，重元素 –2%；按数目计：H–90.8%，He–9.1%，重元素 –0.1%。

此外，通过对天体谱线的基本特征（深度、宽度、形状、多普勒位移）分析，可以获得天体的表面温度、化学元素的丰度、视向速度、速度场、温度、压力、重力、磁场等。

2. 恒星的光谱分类与赫罗图

恒星依其光谱中最明显的谱线特征，可大概分成以下七类：O、B、A、F、G、K、M，温度是从高到低（图 8.5），可再细分为：O0~O9、B0~B9、A0~A9、G0~G9、F0~F9、K0~K9、M0~M9。恒星的光谱型和它的表面温度与颜色有关。

图 8.5　恒星的光谱型和它的表面温度

赫罗图是恒星光谱型和光强度的关系图。它能给出各类恒星的特定位置，也能显示出它们的演化过程，恒星演化的研究便是从赫罗图开始的。1911 年丹麦的赫茨普龙测定了几颗恒星的光度和颜色，1913 年罗素也研究了恒星的光度与光谱，把它们画成图后发现了一定的对应关系。后来这类表示光度 - 颜色的图就叫赫罗图（图 8.6）。

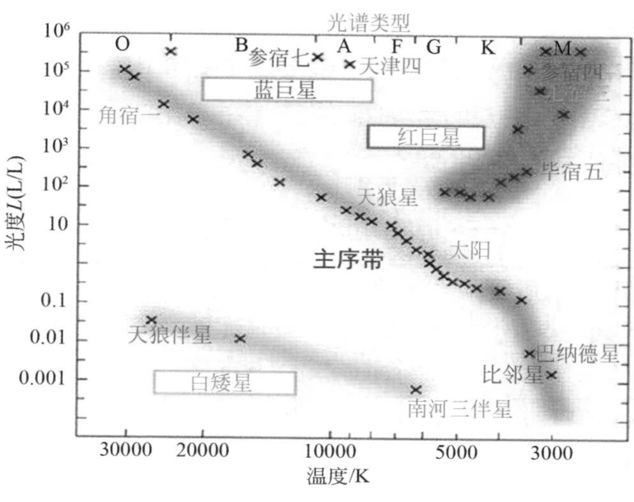

图 8.6　赫罗图

赫罗图中恒星的光度为纵坐标，光谱型（或温度）为横坐标，测定了恒星的光谱型和绝对星等后，就在图上画出一个点。把各种不同的恒星的坐标点画出后，可以发现恒星的分布具有一定的规律性。

沿左上方到右下方对角线的连线上，点子多而密集，表明温度高的星光度强，温度降低光度减弱。左下方也有一个较密集的区域，这里的恒星温度高，呈蓝白色，星光度弱、体积小，叫白矮星。右上侧也有一个密集区，这些恒星光度大，温度低。光度大，说明体积大，是巨星。由于光度和表面温度存在着内在的关系，所以，与恒星的结构、质量和化学成分都有一定的关系。如果已知化学成分，每一恒星便会对应一定的光度和温度，在赫罗图上便会出现相应的序列。同样质量范围内的恒星，如果在图上的不同序列，则必然是化学成分不同。化学成分不同，有可能是原始成分不同，也可能是恒星处在不同的演化阶段。这样，就可以来研究恒星的起源和演化。

天文学家一般采用恒星的光谱分类和光度分类来标示一颗恒星。例如，太阳的标示为 G2V，G 代表太阳的光谱分类为 G 型星，即表面温度介于 5000 ~ 6000 K，2 代表太阳的表面温度为 5800 K，V 代表太阳为主序星。

对银河系来说各类型的恒星数量分布，以 M 族星最多，约占 70%，白矮星与 K 型星大约各占 10%，G 型星大约占 4%，A 型与 F 型星大约占 1%，而 O 型与 B 型星的比例少于 1%。总和而言，恒星总数近 90% 为各类型主序星。

3. 恒星的生命期

恒星的年龄和它的光谱型有关。恒星处在主序星年代，约占总生命期的90%。恒星总的寿命是由它的燃烧时间决定的，主序星年代就是恒星燃烧的时间。表 8.1 给出了各种主序星的生命期。

表 8.1　恒星的生命期和主要特征参数

光谱形态	表面温度 /K	质量（M/M_{star}）	发光能力（L/L_{star}）	半径（R/R_{star}）	主序生命期 / 亿年	生物圈范围 / AU
O5	45000	60.0	800000	12	0.008	503 ～ 1749
B5	15400	6.0	830	4.0	0.7	16.2 ～ 56.3
A5	8100	2.0	40	1.7	5	3.6 ～ 12.4
F5	6500	1.3	17	1.3	8	2.3 ～ 8.1
G5	5800	0.92	0.79	0.92	120	0.5 ～ 1.7
K5	4600	0.67	0.15	0.72	450	0.2 ～ 0.8
M5	3200	0.21	0.011	0.27	20000	0.06 ～ 0.2

8.2　恒星和恒星集团

在宇宙中太阳这种单独存在的恒星属于“少数民族”，比例小于 50%。恒星大部分是以“双星”“聚星”和“星团”的形式存在的。

8.2.1　双星起舞

双星是恒星世界中一种重要的组合形式。许多肉眼看上去单独闪耀的恒星实际上是双星，甚至是多星共存的聚星，例如著名的北斗七星之一“开阳”和它的伴星“辅”就是一对“目视双星”。天狼星有一颗肉眼看不到的伴星，由于它们之间的引力效应才得以被发现是双星系统。天体的许多物理属性（距离、光度、质量等）都要借助于双星的研究。分光双星、X 射线双星的研究还能帮助我们寻找黑洞并验证广义相对论的引力辐射效应。

如果你拥有一台小型天文望远镜，还可以享受双星的视觉美感。例如天鹅座 β 星：主星是一颗鹅黄色的 3 等星，伴星是一颗为主星 1/8 亮度的宝蓝色的小星，看上去就像是一个精美的钻石吊坠（图 8.7）。

图 8.7　漂亮的天鹅座 β 双星

组成双星的两颗恒星都称为双星的子星。其中较亮的一颗，称为主星；较暗的一颗，称为伴星。根据双星的性质可以把双星系统分为物理双星和光学（天文）双星两大类。也可以根据观测手段的不同分为目视双星、分光双星等。物理双星之间有关联关系，而光学双星只是视觉效果。

8.2.2　聚团“取暖”

比双星复杂的恒星系统有聚星和星团。聚星是三颗到六七颗恒星在引力作用下聚集在一起组成的恒星系统。

大熊星座中的开阳星，是一颗有名的六合星。半人马座 α 星（南门二）是一个三星系统，由一对黄矮星和比邻星（红矮星）组成。北极星是一个三星系统，由于它们太接近了，2006 年由哈勃太空望远镜拍摄后，我们才把它们确认为是三聚星。

比聚星更加复杂的恒星集团称为星团，星团分为疏散星团和球状星团两种。疏散星团形态不规则，成员星分布得较松散，用望远镜观测，容易将成员星一颗颗地分开。少数疏散星团用肉眼就可以看见，如金牛座中的昴星团（图 8.8 左）和毕星团，巨蟹座中的鬼星团等。在银河系中已发现的疏散星团有 1000 多个。它们高度集中在银道面的两旁。据推测，银河系中疏散星团的总数有 1 万 ~ 10 万个。

球状星团（图 8.8 右）因为被重力紧紧束缚，使得外观呈球形并且恒星高度向中心集中。球状星团多在星系的星系晕中。

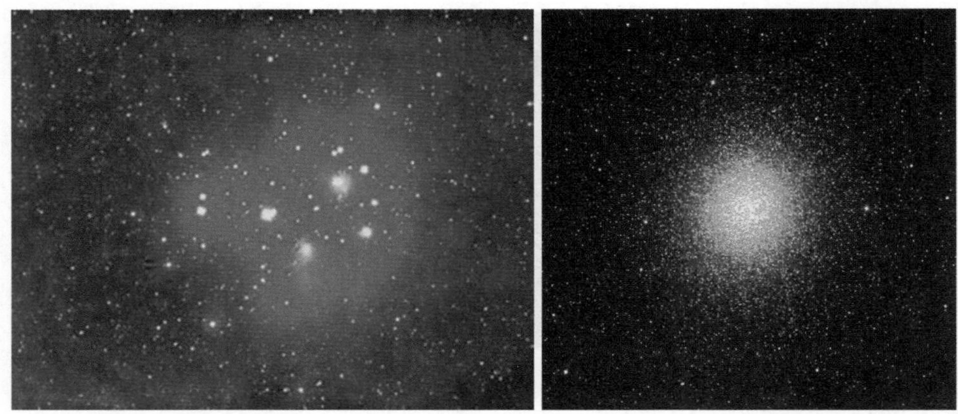

图 8.8　昴星团（七姐妹星，实际由 300 多颗星组成）（左）和球状星团（右）

球状星团在星系中很常见，在银河系中已知大约有 300 个。大的星系会拥有较多的球状星团，例如在仙女座星系就有多达 500 个，一些巨大的椭圆星系，像 M87 拥有的球状星团可能多达 1000 个。几乎每一个曾经探测过的大星系都有很多的球状星团。

全天最亮的球状星团为半人马座 ω（NGC5139），它的恒星密度大得惊人，几百万颗恒星聚集在只有数十光年直径的范围内，它中心部分的恒星彼此相距平均只有 0.1 光年。而宇宙中恒星的平均距离是 5 光年。北半天球最亮的球状星团是 M13。它们都是由哈雷发现的。

8.2.3　变星　新星　超新星

变星是指亮度不稳定，经常变化并且伴随着其他物理变化的恒星。多数恒星在亮度上几乎是固定的。以太阳来说，太阳亮度在 11 年的太阳活动周期中，只有 0.1% 的变化。然而有许多恒星的亮度却有显著的变化。这就是我们所说的变星。

900 年阿拉伯人发现了大陵五（英仙座 β 星），意思是“妖魔”，其在亮度上有约 3 天为一周期的变化；1054 年，中国古天文学家发现天关客星，位于金牛座，其亮度在白天依然可见。

变星一般分为两种：受外界影响造成恒星亮度改变的食变双星；由于本身原因而造成亮度变化的，如脉动变星、造父变星、米拉变星、不规则变星、爆发性变光星等。

爆发性变光星主要有两种类型。

（1）**新星**（nova）。1975 年 Nova Cygni 就是一颗新星，在白矮星阶段的星球发生爆炸，爆炸发生时的绝对星等达到 –8 ~ –10 等。还有一种矮新星，是白矮星加红巨星的组合，有着数天至数周不稳定的光度变化，光度改变的原因为两星体互相作用产生的吸积作用造成的小规模爆炸。

（2）**超新星**（supernova）。大质量恒星演化末期发生的大规模爆炸留下中子星残骸或黑洞，天关客星爆炸发生时（图 8.9）的绝对星等达到了 –17 ~ –19 等！这样级别的亮度变化，我们称为超新星爆发。

图 8.9　天关客星爆发前（左）后（右）的照片

业余天文爱好者对于天文研究最大的贡献可说就是观测变星了，不管是周期性变星还是非周期性变星，或是新星、超新星的观测，都是简易的设备加耐心就可办到的。更重要的是众多的业余天文爱好者能够提供大量的数据，为正式的计算与研究提供充分的资料。

8.3　恒星的一生

如果天上的星星突然消失，你会相信吗?

银河系约有 2000 亿颗恒星，而宇宙至少有亿万万颗恒星。众多的恒星，它们的质量不同、年龄和演化阶段也不同。天文学家根据观测结果，再加上理论的计算，构造出恒星的演化理论：恒星的诞生（新生与婴儿期）、主序带恒星的演化

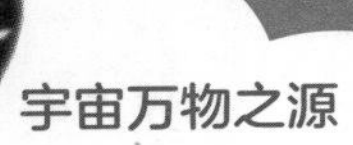

（青年与壮年期）、后主序带恒星的演化（老年期）、恒星的归宿（死亡）与化学元素的合成等。该理论就是给出了恒星的一生。恒星并不是永恒的，它们和人一样也有生老病死。

恒星一生的历程和它们的质量密切相关，具有太阳质量大小的恒星一生的简单图像如图 8.10 所示。巨大、低密度的冷星云（分子云）构成了“制造”恒星的原材料，当它们受到某种“激励”之后（如附近的超新星爆发），开始旋转坍缩，体积逐渐缩小，温度逐渐升高，此时我们称之为原恒星（或称胎星）。当核心的温度升高到可以触发氢融合反应，恒星就诞生了，并变成小而密度高的热星（向外辐射光和热），恒星就进入了它一生的主要阶段（主序星）。当燃料基本耗尽时会变成红巨星，此时没有热核反应，只是靠热能维持发光。到最后一丝热能也耗尽之时，恒星走到了它的尽头，成为白矮星。随后，进入死亡阶段。恒星 90% 的时间都处于主星序阶段。

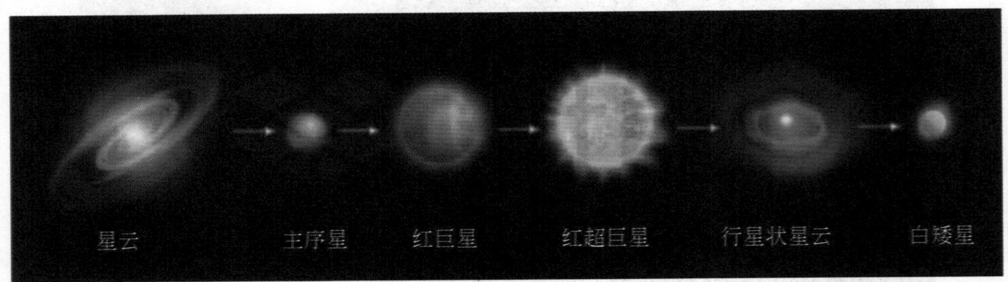

图 8.10　太阳质量大小的恒星演化简图

1. 主星序的演化

恒星核心的氢融合，是将四个氢融合成一个氦，所以在恒星的核心，物质的总数会逐渐减少，这是演化的根本。

每一氢融合反应后，所生成的氦原子核对星核气压的贡献与氢原子核相当，但原子核的总数下降，导致气压也略微降低，重力压将星核稍微压缩。当星核收缩时，核心的温度就会上升，融合反应的速率升高，产生更多的辐射能，恒星也变亮。增加的能量向外传递，使恒星的外层膨胀且表面温度下降。故恒星在进入主序带后，随着星龄增加，体积会缓慢增加，亮度逐渐升高，但表面温度反而下降。

以太阳为例，太阳已有 46 亿年星龄，约处在中年期，核心温度已升高到

15000000 度，但核心的氢氦比已由 3：1 降到 1：1（甚至 1：2），所以产能强度已大为降低。结果核心受强大重力的挤压，物质的密度高达 150 克每立方厘米。依据恒星理论的推算，现在太阳的亮度比刚形成阶段高了 30%。太阳核心氢的比例会持续下降，当核中心的氢用尽后，未曾发生氢融合反应的外层（辐射层与对流层）就会参与反应。氢融合层会逐渐变小，而“氦核”范围将持续增加，直到氢融合层消失，太阳被迫走上死亡之旅为止。

2. 后主星序的演化

后主星序的演化，单星和双星系统的恒星演化有着很大的不同，尤其双星系统恒星的演化很复杂，单星的演化过程则主要和恒星的质量有关。

类太阳质量的恒星如图 8.10 所示，最终会变成矮星；8 ~ 25 倍太阳质量的恒星最终会变成中子星；25 ~ 100 倍太阳质量的恒星最终会形成黑洞（图 8.11）。

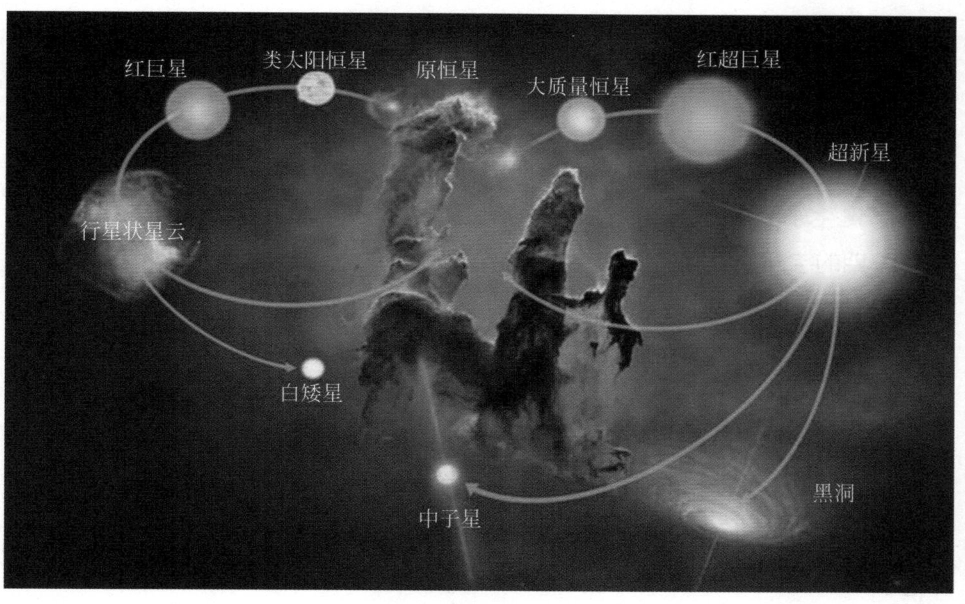

图 8.11　类太阳恒星和大质量恒星会走不同的演化路径

天文小贴士：可能遍布整个宇宙的原初黑洞会撞上地球吗

黑洞是宇宙中相当可怕的存在。它们黑暗，有着强大的引力，似乎有着某种不祥的意味。如今，天体物理学家又提出了一种假想的黑洞类型：原初黑洞

（图 8.12）。这种黑洞不是由恒星坍缩而成，而是形成于宇宙的最初时刻，并遍布于我们现今的宇宙。

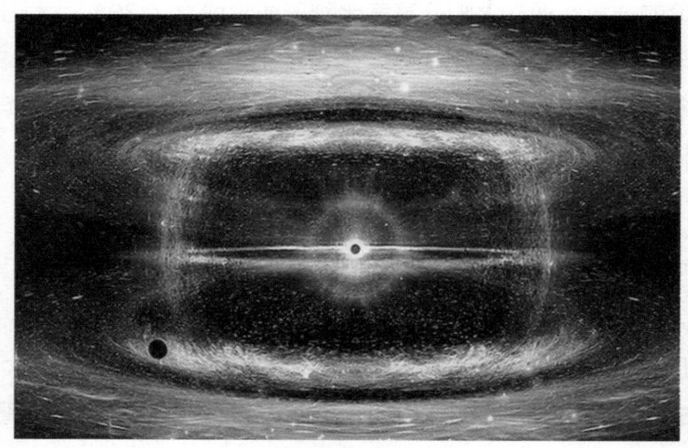

图 8.12　原初黑洞

那么，一个这样的远古怪物冲向地球的概率有多大？一位天体物理学家对此进行了计算分析。

1. 诞生于大爆炸

早期的宇宙既狂野又复杂，与我们今天所处的温和宇宙截然不同。在大爆炸的最初时刻，宇宙发生了剧烈的变化。尽管科学家们已经初步理解了大爆炸最初几分钟的物理现象，但在那之前发生的事情却一直笼罩在神秘之中，相关的数学计算也异常复杂。

要形成黑洞，需要一些相当极端的条件，例如一颗恒星在其生命的最后时刻发生坍缩。在宇宙诞生的最初几秒里，恒星并不存在，但可能存在形成黑洞的合适条件。原初黑洞的形成，所需要的只是将大量的物质或能量塞进一个足够小的空间。

在宇宙大爆炸初期，可能正好存在一些条件，使原初黑洞产生了。这些黑洞可能有不同的质量，取决于它们形成的条件。不过，科学家几十年来对原初黑洞的搜索毫无结果，使人们对它们的兴趣逐渐减弱，直到不久前，激光干涉仪引力波天文台（LIGO）的出现。

当 LIGO 首次探测到黑洞碰撞所产生的引力波时，天文学家发现，这些黑洞的质量相当奇特，每一个都有太阳质量的几十倍（图 8.13）。这个质量范围很难通过常规的恒星黑洞合并来实现，因为这样的合并事件必须足够频繁，才有可能形成如此规模的黑洞。于是，原初黑洞又回到了天文学家的视野当中。

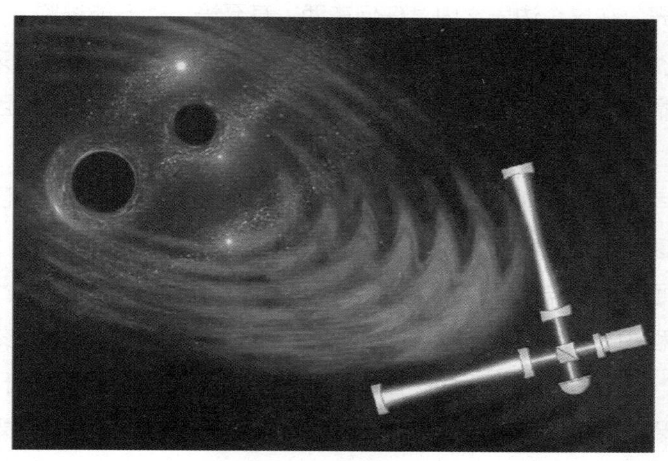

图 8.13　通过双黑洞、中子星碰撞研究引力波和原初黑洞

2. 寻找原初黑洞

早期宇宙发生的各种过程，如果有某种奇特的机制能产生黑洞的话，那就不会只产生几个黑洞，而是会充满整个宇宙。事实上，宇宙中可能存在着足够多的原初黑洞，至少可以作为一部分暗物质的解释；据天文学家估计，神秘的暗物质占宇宙中所有物质的 80% 以上。

科学家假设宇宙中可能存在着数量惊人的小型黑洞。事实上，黑洞并不是 100% 黑色的，它们会通过霍金辐射失去质量。霍金辐射允许一些粒子和辐射从黑洞逃逸。黑洞越小，其质量损失就越快。小于 1 亿吨的黑洞在当前的宇宙年龄中将失去大约一半的质量。对于更大的黑洞，在当前的宇宙年龄下，只会因霍金辐射损失一小部分质量。

这些黑洞的运行速度都很快。根据计算机模拟和星系动力学的观察结果，它们的速度超过 160 千米每秒。以这样的速度，一个小行星质量的黑洞可以在几周内通过木星和地球之间的距离。那么，我们应该害怕这些黑洞撞上地球吗？

3. 原初黑洞与地球的碰撞

如果一个小行星质量的黑洞撞击地球会发生什么？简单来说就是灭顶之灾。

黑洞会像一把加热的刀刺穿黄油一样，刺穿我们星球的表面；另一方面，黑洞会立即开始减速，因为它会与地球的引力相互作用。任何原子或分子（或者我们每个人）在穿过事件视界之后，就会从已知的宇宙中溜走，再也看不见。事件视界是黑洞的边界，在这个边界之内，任何东西，甚至光，都不能逃脱。

在最理想的情况下，黑洞会从地球的另一侧离开，留下幸存者来收拾残局。在最糟糕的情况下，黑洞会落在地核的位置，在那里地球的引力将足以让黑洞开始“进食”。最终，黑洞会吞噬我们整个星球。

值得庆幸的是，根据这篇论文的计算，黑洞落在地核上的概率相当小，因为它们的运行速度实在太快了。

另一方面，地球与黑洞的遭遇还会导致另一个令人不快的结果：升温。在穿过地球的过程中，黑洞会吸积物质，而吸积会产生热量（激活星系核的也是这种热量）。一个小行星质量的黑洞撞上地球后，最终释放的能量与 10 千米直径的小行星撞击所释放的能量差不多。就像 6500 万年前导致恐龙灭绝的那颗小行星。

幸运的是，黑洞碰撞可能非常罕见。根据这篇论文的计算，在最“乐观”的情况下（以科学家的标准，即星系中黑洞的数量达到最大值的情况），可能每十亿年左右才会发生一次碰撞，小于小行星撞击地球的概率。因此，对于所谓的黑洞撞地球，我们不必过于担心。

第9课 星系

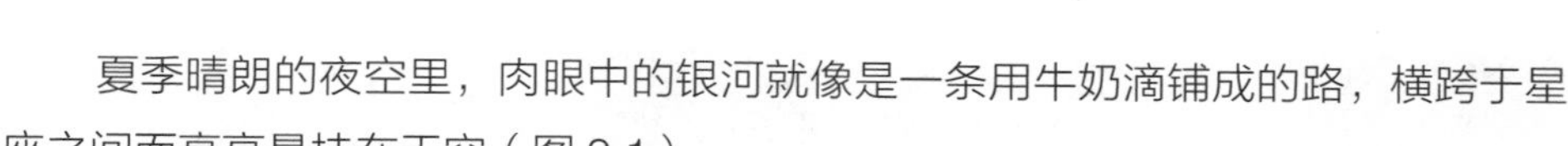

夏季晴朗的夜空里，肉眼中的银河就像是一条用牛奶滴铺成的路，横跨于星座之间而高高悬挂在天空（图9.1）。

图9.1 横跨天际的银河

2000亿颗星星组成了一条朦胧的光带，绵延天空一周。银河平均宽度约为20度，春夏秋冬不断地变换着形态和方位。可悲的是，现在大约有80%的城市，在一小时车程之内，都已经看不到银河了。

9.1 银河系

银河系（milky way），天文学上也称为“本星系”，太阳和地球身处其中。在星系中从质量、大小等方面来看，银河系都属于中等，是一个典型的旋涡星系。

9.1.1 星云 星系 星团

1610年伽利略首先用望远镜仔细地观测了天空，发现银河（当时被认为是由云气组成）由无数颗星星组成。

1755年康德提出了银河系是无数“宇宙岛”（island-universes）之一，是一个由恒星组成的旋转的扁平盘。

1785 年 W. 赫歇尔第一个对太阳附近的天空进行了巡天观测，对不同方向的恒星进行计数，计算不同方向恒星的数密度，得到了第一幅银河系的整体图（图 9.2）。他测得银河系直径约 6400 光年，厚度为 1300 光年，太阳系在银河系中心附近。

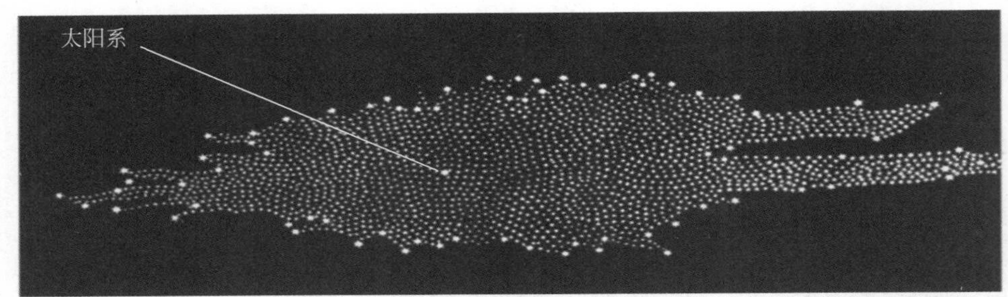

图 9.2　W. 赫歇尔的银河系整体图

1922 年卡普坦（Jacobus Kapteyn）首次利用照相底片进行了太阳附近不同方向恒星的计数，用统计视差的方法计算了恒星的距离，估计出银河系直径约 50000 光年，厚度为 10000 光年。

美国的沙普利，1920 年研究了银河系中球状星团的空间分布情况。统计表明太阳指向银河系中心的方向上的球状星团数量，明显多于银河系边缘的方向（图 9.3）。说明太阳系（地球）并不是在银河系的中心。

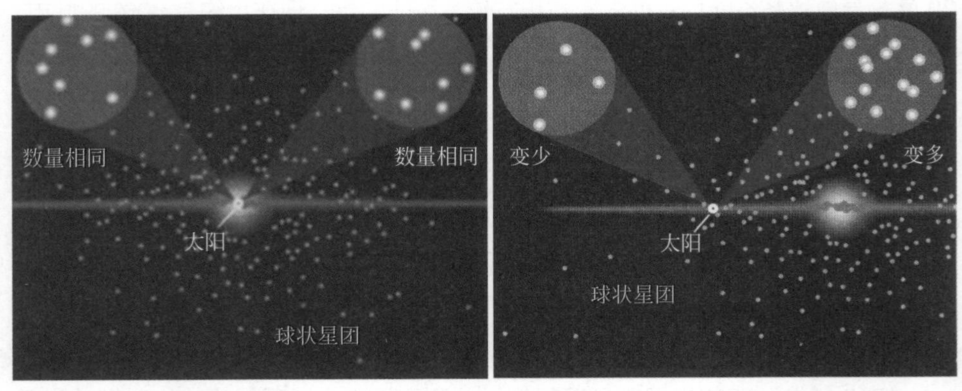

图 9.3　如果太阳在银河系中心，图像会是（左），实际的图像是（右）

沙普利的银河系模型：球状星团是银河系的子系统，围绕银河系中心球对称分布；太阳（系）不在银河系中心，太阳到银心的距离为 16 kpc，差不多 5 万多

光年；银河系是扁平的，直径 100 kpc，约 30 万光年。

9.1.2　天河里有什么

银河系的核球半径大约 3 kpc；银盘半径大约 15 kpc；银晕半径大约 50 kpc；太阳离银心大约 8 kpc（图 9.4）。

图 9.4　银河系和太阳系

我们身在银河系的盘面，银河系中心基本上是位于人马座方向。古代玛雅人就曾经把人马座称为“星星的仓库”。

银河系属于旋涡星系，有五大旋臂（图 9.5）：英仙臂、矩尺臂、半人马臂、

图 9.5　银河系的五大旋臂

人马臂和太阳系所在的猎户臂（本地臂）。太阳距银河系中心约 2.5 万光年，以 220 千米每秒的速度绕银河系中心旋转。

银河系主要由银核、银盘、银晕和旋臂组成。

（1）**银核**包含相当多年轻的热星，核心部分恒星间的距离约 800AU。银河系中心有一个大质量的黑洞。

（2）**银盘**主要由旋涡臂、星协（不稳定的星团）和疏散星团构成，主要由星际尘埃、气体等组成。

（3）**银晕**主要由球状星团构成。

（4）**旋臂**由中心延展至银盘边缘，包含了无数年轻的恒星。

银河系主要有三类物质：恒星及恒星集团、星际介质、暗物质。

所有的恒星和恒星集团都在绕银心旋转。不同旋臂上的恒星绕银心的转动速度略有差别。例如，人马臂 200 千米每秒，猎户臂 250 千米每秒，英仙臂 240 千米每秒。

恒星之间并不是没有东西的，而是存在着星际介质。其中的 99% 都是气体（云），其他还有尘埃、磁场、荷电粒子等。

近代的观测表明，从太阳轨道向外，自转速度没有随着离银河系中心越远而减小，反而在增加，表明银河系在太阳轨道以外存在着大量的物质。但银晕内可见的天体并不多，从其引力影响推断银河系外部应该存在大量暗物质，其质量甚至超过可见物质。

银河系是从一团含有约 75% 的氢与约 25% 的氦和少许金属的星际气团中，受重力坍缩而形成的。坍缩之后，密度增高，使部分较高密度的云气，形成金属含量稀少的球状星团，它们以球状对称的方式分布在银晕上。密度较低的气体会因重力坍缩而产生旋涡。就像水槽中的旋涡，旋涡使云气聚集成为密度较高的云气，进而产生恒星，而使我们看到银河系中有旋涡臂。

9.2 星系的分类与演化

河外星系，简称星系，是位于银河系之外的，由几十至几千亿颗恒星及气体和尘埃物质组成的天体系统。也是宇宙结构学研究中最小的“天文单元”。

在天文学的历史中，河外星系的“观测”和河外星系的“发现”是完全不同的两个概念。对它们的理解，不但创立了河外星系天文学，更重要的是将人类的视野扩展了无限的量级。

河外星系在 1920 年以后才被天文学家确认。在此之前天文学家虽然已经对它们进行了大量的观测，但“看”上去犹如一团模糊的云的它们一直被人们认为是银河系中的“星云”。例如，1871 法国的梅西耶发表了包含 110 个天体的梅西耶星表（M 排序），其中有 40 个是星云。1800 年 W. 赫歇尔发表了 2500 个天体的星表，1864 年他的儿子 J. 赫歇尔发表了一个星团和星云总表，后来演变为包含 10000 个以上星系的新的总表（NGC）。现在星团或星系的名字都用 M 或 NGC 来表示，如 M31、NGC224。

1920 年引发了天文界的“沙普利 – 柯林斯大辩论”，主题就是关于宇宙的大小。辩论的焦点之一就是观测到的旋涡星云有多远？这些星云是恒星系统，还是气体云？这场大辩论在美国和世界天文学界都引起了很大的关注和争论。直到 1924 年哈勃发现了“仙女座大星云 M31”是河外天体才为这场大辩论做了事实的裁决。1923 年，他利用当时最大的 2.5 米口径的望远镜拍摄了仙女座大星云的照片（图 9.6），照片上该星云外围的恒星已可被清晰地分辨出来，在这些恒星中他确认出一颗造父变星。他利用周光关系定出了造父变星视差（距离），计算出仙女座星云距离地球约 90 万光年，而本银河系的直径只有约 10 万光年，因此证明了仙女座星云是河外星系。

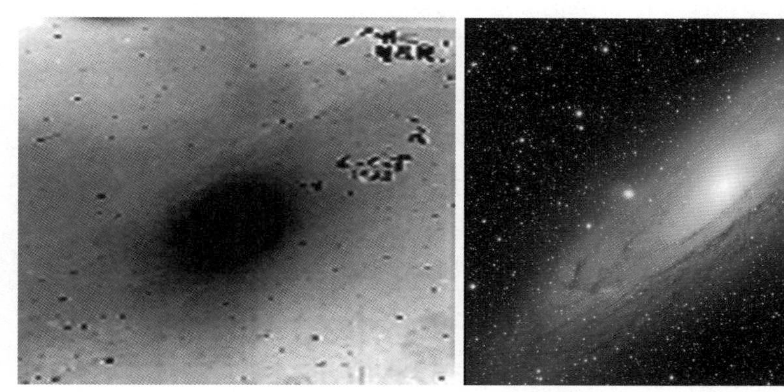

图 9.6　仙女座大星云（左图为 1924 年哈勃拍摄，右图为近年拍摄）

哈勃开辟了河外星系和大宇宙的研究，被誉为“星系天文学之父”。1926 年，哈勃根据星系的形状等特征，系统地提出星系分类法，这种方法一直沿用至今。他把星系分为三大类（图 9.7）：椭圆星系、旋涡星系和不规则星系。旋涡星系又

可分为正常旋涡星系和棒旋星系。对星系分类，是研究星系物理特征和演化规律的重要依据。

图 9.7　河外星系的哈勃分类

1. 哈勃分类法（按形态）

椭圆星系：圆形或椭圆形，亮度平滑分布。

旋涡星系：中央核球加平坦的盘，有旋涡结构。

棒旋星系：中央核球 + 棒 + 平坦的盘，有旋涡结构。

不规则星系：几何形状不规则。

2. 哈勃分类——符号表示法

椭圆星系：E_n，n=10（a–b）/a，a– 半长径；b– 半短径；n=0，1，2，3，4，5，6，7（代表椭圆的扁平程度）。

旋涡星系：Sa，Sb，Sc（无棒），Sd，SBa，SBb，SBc（有棒），SBd；

不规则星系：IrrI,IrrII。

典型的椭圆星系如 NGC3115、4406；典型的旋涡星系如银河系、M31；典型的不规则星系如大、小麦哲伦星云。

目前我们观测到的星系有 1000 亿个，估计宇宙中星系的总数超过 2 万亿个。星系的分布基本是均匀的。最多的星系是不规则星系，其次是旋涡星系和椭圆星系。

星系有成团的倾向。绝大部分星系（至少 85% 以上）都是出现在星系团

中。结构比较松散，成员数目比较少的称为星系群，组成没有规则。如本星系群（图 9.8），大约有 40 个星系组成，是一个松散系统，星系间距离大于星系尺度。最亮的是三个旋涡星系：银河系，仙女座星系（M31）和三角座星系（M33）。其他的都是不规则星系和椭圆星系（M32）。星系数目很多，结构比较紧凑，形状和组成有规则的称为星系团，如 Coma、Virgo 星系团，它们都由几千个星系组成。

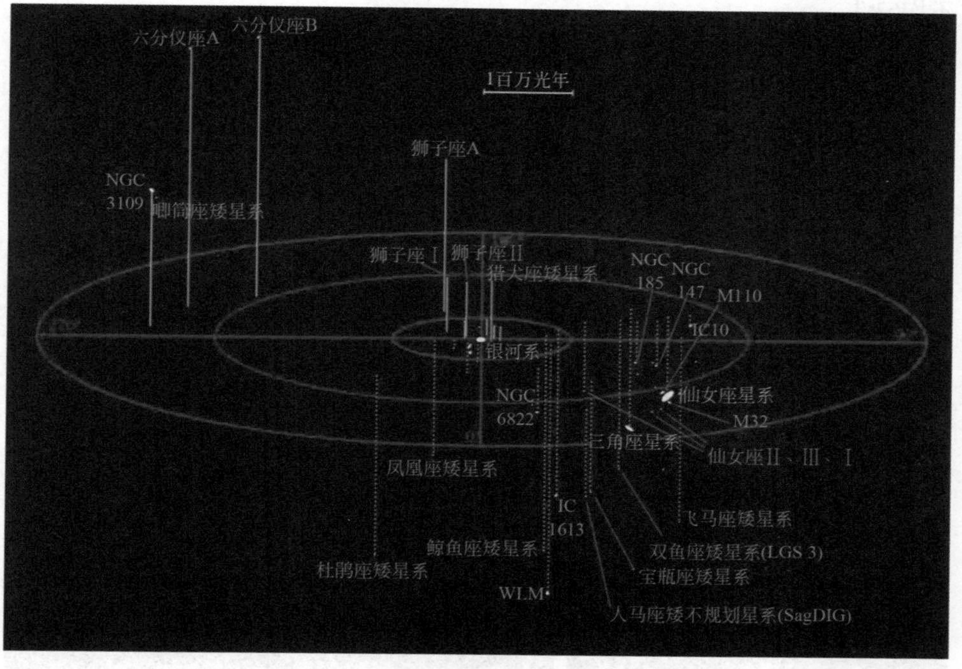

图 9.8　本星系群成员及其分布情况

超星系团是由若干个星系团聚在一起形成的更高一级的天体系统。又称二级星系团。20 世纪 80 年代后，天文学家发现宇宙空间中有直径达 100 百万秒差距的星系很少的区域，称为巨洞。超星系团同巨洞交织在一起，构成了宇宙大尺度结构的基本图像。本星系群所在的超星系团称为本超星系团。较近的超星系团有武仙超星系团、北冕超星系团、巨蛇 - 室女超星系团等。

这些星系（群）是如何形成呢？它们是超巨形结构的碎片吗？或是由小形结构体缓慢聚集而成？ 1996 年哈勃太空望远镜在距离我们 110 亿光年的地方发现了 18 个星团，每个星团约由数十亿颗恒星组成。这些星团的大小在 2000 光年左右，大约是银河系的 1/50，而它们分布在 200 百万光年的区域内。由于它们之间

的距离相当近，受重力牵引的作用，它们可能会相互合并，并形成现在我们所见的星系。所以由观测证实，星系是由小结构体聚集而成。星系的演化由星系的碰撞与相互吞食所主控。其概念为：小星系的运动会带走星系之间的星际物质云气；椭圆星系可能是小星系碰撞后黏在一起的产物；旋涡星系可能是由好几个星系的交互作用、吞食、掠夺其他星系的星球与云气；星系的来源是来自于早期宇宙的不均匀性。

星系的碰撞对星系演化有很重大的影响。宇宙中两个星系之间的平均距离（600 kpc）约为星系的直径（30 kpc）的 20 倍，远小于恒星之间的相同尺度。所以星系的碰撞应该是相当频繁。观测证据显示，仙女座大星云具有双核心，M51（图 9.9 左）、NGC3923、车轮星系、天线星系、老鼠星系（图 9.9 右）等也都存在“碰撞”合并的痕迹。

图 9.9　具有“双核”结构的 M51 星系（左）和“老鼠”星系（右）

相比较而言恒星的碰撞是非常少的，因为恒星间的距离比恒星的直径大约 100 万倍。两个星系的碰撞，其中的恒星并不直接碰撞，而是由重力的相互作用扭曲了星系的形状以及尘埃与气体的分布。例如 M51 可以是两个小星系相互碰撞而形成旋涡臂，进而触发年轻恒星的形成。当两星系的碰撞进行很缓慢时，这两个星系将互相吞食而黏成一体，如 M31。有迹象显示本银河系曾经吞食过其他小星系，而且正开始要吞食大、小麦哲仑星云。

天文小贴士：斯皮策太空望远镜观测到神秘的“哥斯拉星云”

就像地球上空漂浮的云层一样，太空中的气体云和尘埃云有时会像我们熟悉的物体，甚至是经典电影中的形象，你在这幅太空图像中发现了什么（图 9.10）？图像右侧顶部附近的亮点看起来像不像怪兽哥斯拉犀利的眼神和突起的鼻子？

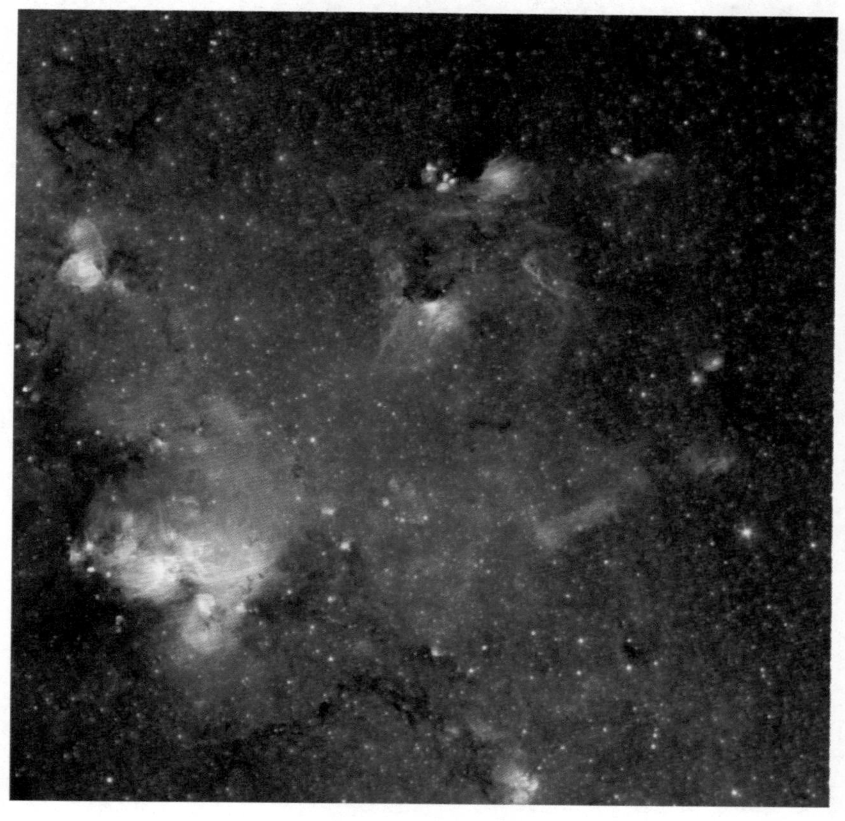

图 9.10　宇宙中漂浮的星云

事实上，图 9.10 这张彩色图像显示的是一个星云，是由 NASA 斯皮策太空望远镜拍摄的，四种颜色（蓝色、青色、绿色和红色）可用于代表不同波长的红外光线；黄色和白色是不同光线波长的组合；蓝色和青色主要代表恒星释放的光线波长；由尘埃和碳氢化合物等有机分子呈现绿色；而被恒星或者超新星加热的热尘埃则呈现红色。

该图像是由美国天文学家赫特进行技术处理的，自 2003 年斯皮策太空望远

镜发射以来，赫特负责处理斯皮策勘测数据并制作发布图像，他在这幅图像中发现了“哥斯拉”的双眼和鼻子（图 9.11）。

图 9.11　可爱的哥斯拉

赫特说：“我并不是要找‘太空哥斯拉’，我仅是碰巧观察到图像中有似曾相识的图案，我并未对该太空区域放大观察，有时如果你只是采用不同的方式分析某个太空区域，就会获得意外的发现，图像中的眼睛和嘴巴似乎是哥斯拉在向我咆哮。”

赫特并不是唯一倾向于在宇宙照片中搜寻地球类似物体的人，幻想性视错觉是人类倾向于以随机或者模糊视觉模式感知特定、通常有意义的图像的名称，其他科学家在斯皮策观测图像中还发现了黑寡妇蜘蛛（图 9.12）、南瓜灯、蛇、人类大脑、星舰飞船等结构。

图 9.12　黑寡妇蜘蛛星云

斯皮策太空望远镜已于 2020 年 1 月退役，科学家仍继续挖掘其庞大的勘测数据集，从而获得最新的宇宙信息，赫特一直在斯皮策图像中寻找吸引人、有趣的太空图像，他说："我通过这种方式希望更多的人认识到斯皮策太空望远镜所做的贡献，每一张太空图像都在讲述着不同的故事，有些是关于恒星和行星如何形成，有些是关于星系的进化演变史，还有庞然大物哥斯拉在太空中瞪眼怒吼。"

这个类似哥斯拉外形的星云位于人马星座，图像中右上方恒星（哥斯拉的眼睛和鼻子所在位置）在银河系范围之内，左下方明亮区域（哥斯拉的右手）被称为 W33，距离地球大约 7800 光年。

第10课　走在认识宇宙的路上

人类最早、系统性地认识宇宙，源于托勒密的“地心说”。从宇宙学的角度来讲，“地心说”和“日心说”没什么区别，只是“宇宙中心”换了一下；到了W. 赫歇耳等带我们认识到了银河系，人类对宇宙的认识又停顿了很长时间。直到哈勃的“仙女座大星云”才把人们的视野带出了银河系，拓展到河外星系；勒梅特、伽莫夫的“大爆炸宇宙”让我们开始真正去认识“我们的”宇宙。爱因斯坦的相对论则把现代宇宙学发展为一门严谨的、整体发展的热门学科。

托勒密、哥白尼、赫歇耳、哈勃、勒梅特、伽莫夫、爱因斯坦等，我们能说他们仅仅是“科学家”吗？他们是认识宇宙的先驱，是他们带领人类走进了宇宙。

10.1　世世代代说宇宙

——宇宙有多大？宇宙的年龄有多大？

——宇宙有无边界？边界外面是什么？（可以有限无界？）

——宇宙是如何从无到有？

——世界末日什么样？

——是否存在地外文明？

这些问题大家或多或少想到过。可以说，从人类看到星空开始，就有了宇宙学。也就有了关于整个世界的朴素的哲学思考。

10.1.1　人类心中的宇宙

4000 多年前两河流域的巴比伦人已经可以通过观测星空预言日月行星在天上的运动，甚至掩食。

古代希腊的先哲们首先建立模型来描述天体的运动轨迹。

古埃及人认为星星是分布在天神的身上，而天神弓着身体伏在大地上（图 10.1）。

图 10.1　古埃及人心目中的宇宙

古代中国人有大量对天象的记录。有着“天圆地方”“盘古开天”的宇宙思维。

150 年托勒密创立地心说。虽然地心说被教会利用，说其是上帝创造人类的工具，但托勒密是第一个将有关宇宙的朴素的哲学思考上升为科学模型的人，直到 16 世纪哥白尼的日心说创立。但人们绕来绕去还都是在太阳系。

到 17 世纪，伽利略的天文望远镜发现了木星的卫星系统，从而解决了地球和各大行星可以绕着太阳转的问题——木星的卫星可以绕着木星转，难道各大行星就不能绕着太阳转吗?

随着开普勒三大定律、牛顿引力定律的发现，人类开始用科学规律来描述宇宙的存在和运动。

哈勃的研究开创了河外星系天文学，也将人类对宇宙的讨论提高到了科学的境界。

河外星系的发现表明太阳系也不是宇宙中心，银河系、本超星系团也不是。现代宇宙学理论告诉我们：宇宙没有绝对的中心!

10.1.2　宇宙法则

宇宙学是天文学的一个分支，它是把宇宙作为一个整体来研究的。

现代宇宙学的开端是哈勃定律的发现——宇宙在膨胀、在变化！其否定了人

们一直认为的平静的宇宙。

现代宇宙学是建立在观测宇宙（观测所及的宇宙部分）和宇宙学原理的基础之上的。宇宙学原理的基本观点是：

（1）宇宙物质在大尺度上是均匀的；

（2）宇宙是各向同性的，宇宙没有中心。

宇宙是均匀的，那它是不是静止而有限的呢？历史上有关静态宇宙就有过奥伯斯佯谬以及类似的问题。奥伯斯就问道："夜间天空为什么是黑的？"静态的宇宙不能是黑的。很多人给出了很多的解释，而根本的理由则是：宇宙是变化的，我们的"可观测宇宙"是有限的，宇宙中的恒星有生老病死，关键是宇宙在膨胀，所以我们夜晚的天空是黑的。

1917 年俄国的弗瑞德曼用爱因斯坦方程导出了膨胀宇宙的解；随后，比利时的勒梅特提出了"大爆炸"宇宙学模型；伽莫夫解释了轻元素 H、He、Li 的宇宙最初的存在；1965 年美国科学家彭齐亚斯、威尔逊发现了宇宙微波背景辐射，很快被解释为宇宙大爆炸的遗迹。这些，形成了现代宇宙学的一个基本发展脉络。

现代宇宙学是一门有具体模型、可以计算、可以预言，并可与观测事实比较的科学。它建立在广义相对论的基础之上，并运用了几乎所有的现代物理知识。它关心宇宙是如何开始、如何演变、又将如何结局，空间是否弯曲或平直，是否存在时空奇点，宇宙的大小、结构的形成与演化等。

10.2 宇宙学模型

宇宙学模型是研究宇宙的基本框架，这个框架一直在演进之中。

1. 牛顿的无限宇宙模型

在牛顿力学体系中，当物质分布在有限空间内时是不可能稳定的。因为物质在万有引力作用下将聚集于空间的中心，形成一个巨大的物质球，而宇宙在引力作用下坍缩时是不能保持静止的。因此，牛顿提出宇宙必须是无限的，没有空间边界。

牛顿的宇宙空间中，均匀地分布着无限多的天体，相互以万有引力联系。这不仅是牛顿的无限宇宙图景，也为大多数人所接受。

但它是不正确的。而且牛顿的无限宇宙模型与牛顿的万有引力定律是相互矛

盾的！这一方面体现在我们前面提到的奥伯斯佯谬。另一个例子就是西里格佯谬（又称为引力佯谬）。西里格指出：当我们考虑宇宙中全部物质对空间中任一质点的引力作用时，假如认为宇宙是无限的，其中天体均匀分布在整个宇宙中，那么在空间每一点上都会受到无限大引力的撕扯，这显然不符合我们生活的宇宙中仅受有限引力作用的事实。

这样看来，牛顿无限宇宙模型的困难主要在于无限宇宙与万有引力的冲突上。要解决这个困难，要么修改宇宙无限的观念，要么修改万有引力定律，或者两者都要修改。现代宇宙学正是在对这两方面的不断“修改”中而不断成熟起来的。

2. 爱因斯坦的静态宇宙模型

爱因斯坦建立广义相对论不久，1917 年他发表了第一篇宇宙学论文《根据广义相对论对宇宙学所作的考查》，爱因斯坦分析了牛顿无限宇宙的内在矛盾及不自洽，提出了一个有限无边（界）的静态宇宙模型。

爱因斯坦认为宇宙既不是无限无边的，又不是有限有边的，而是有限无边的，这好像很难理解。什么样的空间是有限无边或有限无界的呢？他为我们讲了一个有趣的例子：一个蚂蚁在一个大气球表面爬行，大家说，它能爬到气球表面的边界吗？圆圆的气球表面有边界吗？但是，不管是多么巨大的气球，它总归是有一定的体积吧！所以说，相当于气球的膨胀宇宙，它是无限的、没边界的，而它的体积、大小则是有限的。

3. 弗瑞德曼膨胀宇宙模型

1922 年和 1927 年弗瑞德曼和勒梅特分别独立地找到了爱因斯坦场方程的动态解。动态解表明：宇宙是均匀膨胀或者均匀收缩的。他们同时证明了爱因斯坦方程的静态解是不稳定的，微小的改变就足以破坏它的静态要求，并过渡到膨胀运动或收缩运动状态。根据弗瑞德曼模型，宇宙物质在空间大尺度上的分布是均匀的和各方向一致的。但局部宇宙空间的物质分布并不是均匀的（否则就不能汇聚形成天体）。观测结果表明：天体是逐级成团的，如行星、恒星（行星系）、星系、星系团、超星系团。这些天体系统的尺度是逐级增大的。在这些天体系统内，物质分布是不均匀的。但与宇宙大尺度空间相比，这仍然是属于小尺度的特征。天文观测表明，在大于一亿光年的空间范围内，物质的空间分布的确是均匀的。比如，无论我们在宇宙中的哪一点向任何一个方向看去，在一定角度范围内，亮于

某一星等的星系数目总是大致相同；对宇宙中的射电源进行计数，它们的分布也是均匀的。

弗瑞德曼膨胀宇宙模型给出了三种不同的宇宙演化途径（图 10.2）。第一种称为开放宇宙（大撕裂）。星系之间的退离运动非常快以致引力无法阻止它继续进行，即宇宙一直膨胀下去；第二种称为平坦（临界）宇宙，星系之间的退离速度正好达到避免坍缩的临界值，宇宙不断膨胀，但膨胀速度逐渐趋于零；第三种称为震荡宇宙（大坍缩）。星系以非常缓慢的速度互相退离，它们之间的引力不断作用，将使这种互相退离运动最后终止，继而开始互相接近。即宇宙膨胀至最大尺度后便开始坍缩。

图 10.2　宇宙的三种结局

类比弗瑞得曼模型中一个星系的运动就像从地球表面向上抛一块石头。如果石头抛出的速度足够快，或者地球的质量足够小（这两种说法在物理上是等价的），石头的速度虽然随着时间逐渐变慢，然而最后石头却会跑到无限远的地方。这相当于开放宇宙。如果石头没有足够的抛出速度，或者地球质量足够大，它将在到达一个最大高度后再跌回到地面上。这相当于封闭宇宙。从这个类比，我们也可以理解为什么找不到爱因斯坦场方程的静态宇宙解，当我们看到一块石头从地面抛起或者跌落向地面时不会觉得奇怪，但是我们不可能期望看到它是永远悬在空

中静止不动的。从观测的结果来看，我们现在能够直接观测到的宇宙物质质量还不足以阻止宇宙的膨胀，然而我们现在已有足够的证据确信宇宙中存在着大量的不可视物质。这些不可视物质是否能够阻止目前的宇宙膨胀，正是科学界极为关注的问题。科学家们相信宇宙中十分之九的质量都是由不可视物质贡献的。

无论对于哪一种宇宙演化途径，都面临着这样一个问题，由于宇宙膨胀，必定遇到时间的起点（边界）问题，或称为膨胀是什么时间开始的。现有的数据表明：膨胀必定是在 100 亿年到 200 亿年前的某一时刻开始的。对宇宙中各种天体的年龄普查使我们更加确信这一点。天文观测发现，一些较老的球状星团年龄在 90 亿 ~ 150 亿年；根据放射性同位素方法考证，太阳系中某些重元素是在 50 亿 ~ 100 亿年前形成的，而且迄今观测到的所有天体的年龄都小于 200 亿年。这一事实表明：我们的宇宙年龄不是无限的。

10.3　大爆炸宇宙学

1927 年勒梅特假定宇宙起源于原初的一次猛烈爆炸（图 10.3）。他把原属思维性的宇宙创生问题变成了一个物理学的问题。

图 10.3　宇宙大爆炸的简单示意图

伽莫夫发展了大爆炸理论，他认为，宇宙由于大爆炸而膨胀，同时温度降低，当温度降到一定程度，重元素按中子俘获的快慢顺序由中子和质子生成。他预言

早期炽热宇宙会给我们留下一个微波背景辐射遗迹，温度是 5 K。

所有这一切都能在广义相对论的框架内得到很好的理解。宇宙起源于 150 亿年前的一次猛烈爆炸。宇宙的爆炸是空间的膨胀，物质则随空间膨胀，宇宙是没有中心的；膨胀造成温度的降低，构成物质的原初元素相继形成。由于物质的形成，引力的作用，宇宙的膨胀要逐渐减慢。随着越来越多的观测证据，大爆炸理论逐渐被人们所接受。而星系红移，宇宙微波背景辐射和宇宙年龄的测定，无疑成为大爆炸理论有力的观测证据。

1. 星系红移和哈勃定律

哈勃发现了河外星系的退行现象，并通过观测得到了哈勃定律。星系的退行表明它们在过去必定靠得很近，那么它们的起点到底是什么？宇宙是从哪里开始膨胀的？这支持大爆炸宇宙学。

哈勃定律的解释：宇宙在均匀膨胀，但并不意味观测者是宇宙中心，宇宙没有中心。

2. 宇宙微波背景辐射

1964 年彭齐亚斯和威尔逊用天线测量天空无线电噪声时发现在扣除大气吸收和天线本身噪声后，有一个温度为 3.5 K（伽莫夫预测的 5 K）的微波噪声非常显著。经过 1 年的观测，排除了这一噪声来自天线、地球、太阳系等的可能。认为它是弥漫在天空中的一种辐射，即背景辐射。实际上，这就是天文学家们正准备寻找的宇宙大爆炸“残骸”—— 宇宙微波背景辐射。

3. 宇宙年龄的测定

宇宙显然需要具有至少和其所包含的最古老的东西一样长的年龄，因此很多观测能够给出宇宙年龄的下限，例如对最冷的白矮星的温度测量，以及对红矮星离开赫罗图上主序星位置的测量，宇宙年龄的下限在 100 亿 ~ 200 亿年。

准确的数据是宇宙的年龄约为 137 亿 3 千万年，不确定度为正负 1 亿 2 千万年。

天文小贴士：业余天文爱好者该如何搜寻遥远的星系

据天文学家估计，仅在我们可观测的宇宙中，就有超过 2 万亿个星系（图 10.4）！对天文爱好者来说，最充满乐趣的事情之一便是搜寻并观察拍摄那些遥远而美丽的星系，既满足了对科学的好奇心，也感受到了对宇宙纯粹的敬畏。

图 10.4　韦伯太空望远镜拍摄的深空宇宙充满了星系

天文爱好者没有强大的望远镜，不能直接欣赏宇宙的美景。但是，借助在线工具，我们也能够实现愿望。自动望远镜和巡天观测提供了海量的观测数据，大量的数据免费储存在互联网上，等待人们去发掘和欣赏。上网找个宇宙地图集，星系将触手可及。

Aladin Lite 是最强大的在线工具之一，可以通过许多不同的望远镜来观察宇宙。在这里，我们可以扫描整个天空，寻找隐藏的星系，甚至破译有关其恒星群演变的信息。

例如寻找最壮观的星系之一——车轮星系。在 Aladin Lite 的界面上，你可以搜索某个天体的俗名，如 cartwheel galaxy（车轮星系），或是已知的坐标。接着，该天体的位置就将位于界面中心（图 10.5）。

我们看到的第一张车轮星系的图像是来自“数字化巡天”（DSS2）的光学成像，图像颜色代表了该望远镜里不同的滤光片。不过，这些都是我们肉眼能看到的典型星系图像。

对于天文学家而言，一个普遍的经验法则是，星系内部的“颜色”差异是由于物理环境的不同造成的。值得注意的是，看起来呈蓝色的物体（波长较短）通常比看起来呈红色的物体（波长较长）温度更高。

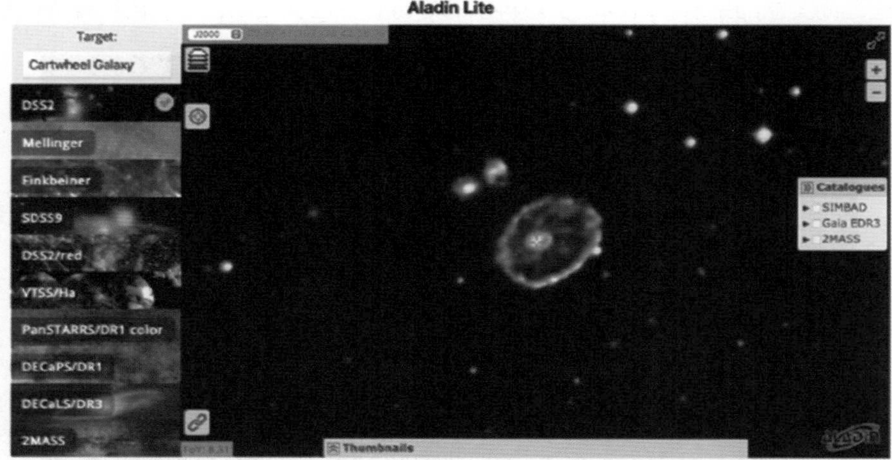

图 10.5　Aladin Lite 中的车轮星系

在这个车轮星系中，外环看起来比中间的红色部分更蓝。这可能暗示了恒星形成和恒星活动发生在外环，而更少发生在星系中心。

为了证实对恒星形成的猜测，我们可以选择不同波长的观测数据。当年轻的恒星形成时，会发出大量的紫外线辐射。将巡天调查项目改为 GALEXGR6/AIS，只观察紫外线波长，就会发现结果非常不同：该星系的整个中心部分似乎从图像中“消失”了（图 10.6）。这表明该区域可能是较古老恒星的家园，恒星形成不太活跃。

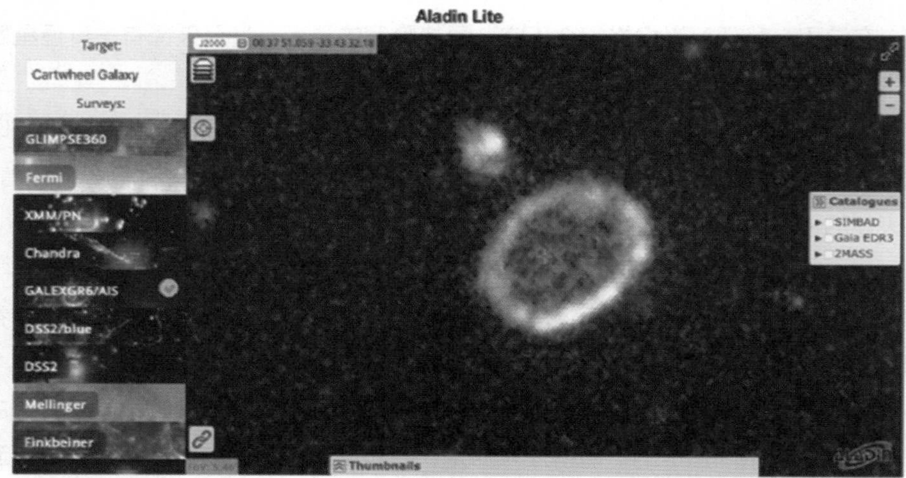

图 10.6　紫外线波长显示的车轮星系

我们在 Aladin Lite 上可以找到 20 个巡天调查项目的结果，能提供光学、紫外线、红外线、X 射线和 γ 射线的天空成像。在宇宙中搜寻有趣的星系时，可以先从光学巡天调查开始，找到感兴趣的星系，再使用其他巡天调查来观察图像在特定波长下的变化。

现在，你已经学会了快速地搜寻星系，来开始游戏吧！你可以花上几个小时来探索这些令人难以置信的图像，找到外观有趣的星系。如果需要进一步放大，建议你查看 DECalS/DR3 的图像，以获得最高的分辨率和细节。

最好的方法是拖动天空地图集，如果发现一些有趣的东西，你可以通过选择目标图标并单击对象来了解其信息。

让我们来了解一些颇具特点的星系。

螺旋星系：通常具有一个围绕中心旋转的螺旋状圆盘结构（图 10.7），圆盘上有从密度较大的中心区域向外弯曲的大型螺旋臂。这类星系非常漂亮，我们所处的银河系就是一个螺旋星系。

图 10.7 正在形成过程中的螺旋星系

椭圆星系：大多没有特征，比螺旋星系更“平坦”，恒星有时几乎组成一个三维的椭圆形结构。与螺旋星系相比，这类星系的恒星往往更古老，恒星形成区域也更不活跃（图 10.8 左）。

图 10.8　椭圆星系（左）和透镜星系（右）

透镜星系：看起来就像一张宇宙薄饼，有一个明亮的中心核球被扩展的盘状结构包围，在夜空中相当平坦，毫无特征。可以认为这类星系是螺旋星系和椭圆星系的“中间”形态。透镜星系中大多数恒星的形成已经停止，但仍然有大量的尘埃（图 10.8 右）。

第 11 课　人与天的对话

人与天对话？是的，但不是一般的人，不是一个人，也不是一代人。了解和认识天空、天体、宇宙，是人类世世代代永恒的话题。

11.1　启蒙天文学

埃及的观天工作最初是由僧侣们担任的，他们观测太阳、月亮和星星的运动，从很早的时候起就知道预报日月食的方法。公元前 27 年前后，埃及人不仅认识了北极星和围绕北极星旋转而永不落入地平线的拱极星，还熟悉了白羊座、猎户座、天蝎座等星座，并根据星座的出没确定历法，这就是人类最早的“天狼星历”。

埃及人发现，若天狼星和太阳一起在东方地平线上出现，天文学称“偕日升”，再过两个月，尼罗河水就会泛滥。尼罗河是古埃及人的命根子，它定期泛滥但能带来农耕所需要的水和肥沃的淤泥。每年的 6 月，尼罗河都会洪水泛滥，这使埃及人产生了“季节”的概念。河水泛滥叫洪水季；天冷了叫冬季；天热了叫夏季。而在不同的季节，出现在东方天空的星辰也是不一样的。久而久之，古埃及人就发现了星辰更替与季节变化的对应关系，观察和研究之后，发现了 360 天的周期——年，并最早确立了 10 天为一个“星期”，每个“星期”都挑选一颗星用于天文观测。

古埃及人还运用正确的天文知识，在沙漠上建筑起硕大无朋的金字塔。耐人寻味的是，金字塔的四面都正确地指向东南西北，最大的七座金字塔排列为猎户座（他们说这是天上的门户）的形状（图 11.1）。当时并没有罗盘，方位能够定得这样准确，无疑是使用了天文测量的方法，应该是利用了当时的北极星天龙座 α 星来定向的吧。

古印度人观察太阳，以太阳的视运动为依据，把一年定为 360 天，又以月亮的圆缺变化为依据，把一个月定为 30 天，以此编制历法。他们将一年分为春、热、雨、秋、寒、冬六个季节，还有一种分法是将一年分为冬、夏、雨三季。对于空间，古印度人有奇异的看法，他们认为在人类居住的世界之上，还有其他空间。

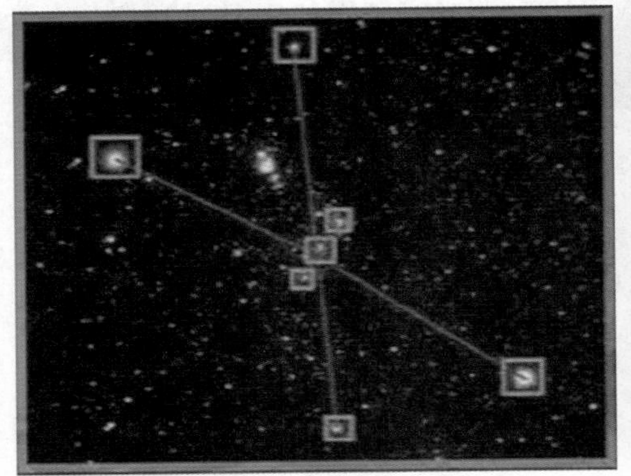

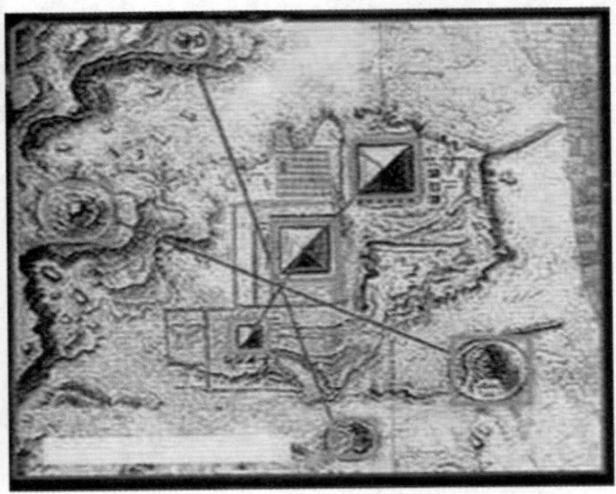

图 11.1　埃及大金字塔和天上的猎户座相互对应

现今的伊拉克，希腊文为“美索不达米亚”，意思就是两河之间的地方。公元前3000年前，迦勒底人就在两河流域建立了国家。他们把星星称为“天上的羊”，把行星称为“随年的羊”，天上的“羊群”是随季节而变化的。长期的星象观察，使迦勒底人知道“日食每18年重复出现一次”，对于月亮和行星，迦勒底人也有很多正确的发现，但是他们对人类最重要的贡献还是创造了星座的划分。他们把天上的亮星，用想象的虚线连接起来，描绘出各种动物和人的形象，用相应的名字称呼它们。这就是现今星座的由来。

欧洲人称古代希腊文化为“古典文化”。古代希腊天文学总结了历代的天象观测结果，概括了古代人们对天体运动的认识，并建立宇宙模型去解释天体的运动，这在人类进步史上，有很大的积极意义。

泰勒斯是第一个推测地球是一个球体的人，他到美索不达米亚学习了天文学。他发现海船向岸边驶来时，是先看见船的桅杆，最后才看见船身（图11.2），由此他推测地球是球体。他认为构成宇宙的基本物质是水。据说，他曾经预言了公元前585年所发生的一次日食。

图 11.2　海岸观船

泰勒斯的门生阿那克西曼德认为天空是围绕着北极星旋转的，因此天空可见的穹窿是一个完整的球体的一半，扁平圆盘状的大地就处在这个球体的中心，在大地的周围环绕着空气天、恒星天、月亮天、行星天和太阳天。

数学家毕达哥拉斯认为数本身、数与数之间的关系构成宇宙的基础。他也主张地圆说，并且是人类科技史上第一个主张“太阳、月亮、行星遵循着和恒星不同的路径运行”的人。

提出原子学说的德谟克利特，认为万物都是由原子组成的，原子是不可分割的最小微粒，太阳、月亮、地球以及一切天体，都是由于原子涡动而产生的。这是朴素的天体演化的思想。他还推测出太阳远比地球庞大，月亮本身并不发光，靠反射太阳光才显得明亮，银河是众多恒星集合而成的。

托勒密指出：日、月、五大行星都在绕地球的偏心圆轨道上运转，并且各有其轨道层次。他还发明了经纬度（图 11.3）。

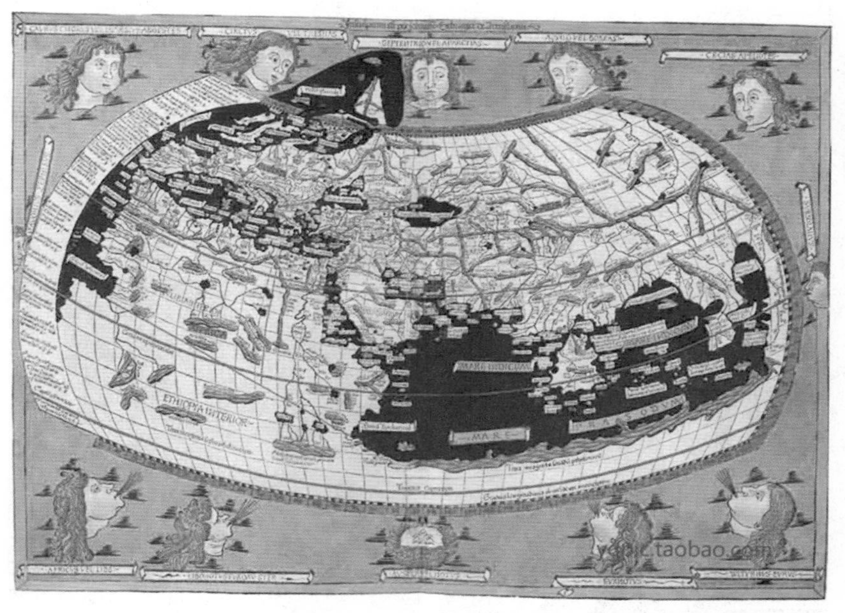

图 11.3　第一张使用经纬度的《托勒密地图》

11.2　真正的天文学

哥白尼的日心学说，确立了近现代天文学的开端。

到 17 世纪，牛顿天体力学的诞生，使天文学从单纯研究天体的几何关系，进入研究天体之间相互作用的阶段。也就是说，从单纯研究天体运动的状况，进入研究造成这些运动的原因。

大航海时代，哥伦布、麦哲伦等人不仅证实了地球是一个球体，他们在航行中还根据天体位置的测定来定位船的方位。

当然，近代天文学奠基人还应该是哥白尼和他的《天体运行论》。它与牛顿的《自然哲学的数学原理》、达尔文的《物种起源论》共称为自然科学的三大奠基性著作。但是，由于观测手段和人类认识宇宙的不完备，哥白尼的体系是存在缺陷的。哥白尼所指的宇宙是局限在一个小的范围内的，具体来说，他的宇宙就是今天的太阳系，而且仅包含五大行星；他虽然否定了托勒密的“九重天”，却保留了恒星天，尽管他回避了宇宙是否有限这个问题，但他是相信恒星天球就是宇宙的“外壳”；他仍然相信天体只能按照所谓完美的圆形轨道运动。

从《天体运行论》到《自然哲学的数学原理》的 150 年，欧洲天文学界奇迹频发。第一个奇迹，是第谷在蒂汶岛拥有了世界上第一座私人天文台，进行了很多非常精密的天文观测，在没有望远镜的年代，他达到了肉眼观测的最高水平，被誉为“前无古人后无来者”（图 11.4）。

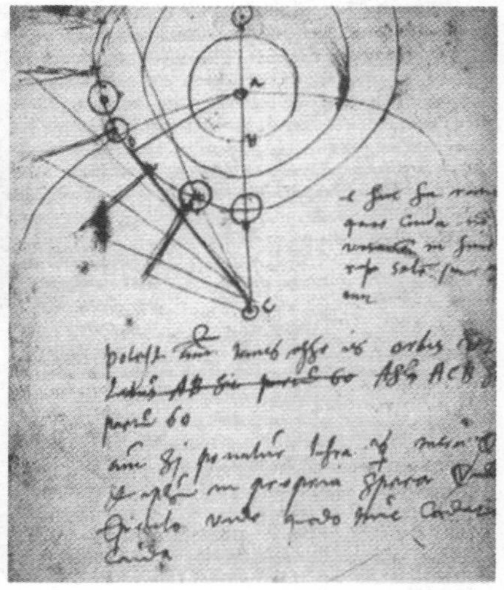

图 11.4　第谷的大型赤道仪和 1577 年大彗星的观测与分析记录

第二个奇迹，是开普勒根据第谷遗留的大批资料，于 1609 年提出了行星运动的第一定律、第二定律，10 年后又提出了行星运动的第三定律，而这正是牛顿推导万有引力定律的出发点。

第三个奇迹，是意大利物理学家伽利略于 1609 年发明天文望远镜，从而揭开了天文观测的新纪元。

最伟大的还是牛顿，他汇集了哥白尼、第谷、开普勒、伽利略等人的成就，奠基了经典力学体系，解释了从天体运行、潮汐涨落到物体坠地等自然现象。

18 世纪依靠观测太阳、月球和行星的大量资料，总结出太阳系天体的运动和力学关系的理论。为了制定历法和航海的需要而进行了精密的子午线观测、月球运动的观测和日地距离的测定等。

这个时期天文学的另一个特点，是各国国立天文台的设立。为了航海的需要，法国首先于 1671 年设立了巴黎天文台，1675 年英国格林威治皇家天文台建成。格林威治天文台在航海天文学上发挥了巨大的作用。它的第二任台长是哈雷，21 岁那年他就去了南大西洋，建立了一座临时天文台，测量南天星辰的位置。一年之后他便做成了第一个南天星辰表，被称为“南天的第谷”。

哈雷在应用万有引力定律对彗星轨道进行研究时，发现 1531 年、1607 年和 1682 年 3 次观测的彗星轨道十分相似，而且预言这颗彗星将在 1758 年或 1759 年再次归来。彗星如期而至，人们把这颗彗星命名为“哈雷彗星”（图 11.5）。1716 年哈雷建议观测 1761 年和 1769 年的金星凌日来测定日地距离。1718 年哈雷还发现了恒星自行，说明恒星并不是固定的，而是有它们自己的“自行”，打破了“恒星天球”。

图 11.5　1910 年回归的哈雷彗星（左）和 1986 年卫星拍摄的哈雷彗星（右）

布拉得雷是格林威治天文台的第三任台长，他测定了许多恒星的方位，最重要的是做出了两项重要发现：光行差和章动。

有一次，他航行在泰晤士河上，发现桅杆顶的旗帜并不是简单地顺风飘扬，而是按船与风的合成运动而变换方向。布拉得雷想到，这种情况与人撑伞在雨中行走时的情形一样，当你向前走动时，如果将雨伞垂直地撑在头上方，雨点就会斜射在人身上，如果将伞稍稍向前倾斜，人就不会淋雨了，而且人走得越快，雨伞就必须向前倾斜得越厉害。天文学上的情况与此极为相似。光从某颗恒星沿某个方向以某个速度落到地球上，同时地球以另一个速度绕太阳运转。望远镜就像雨伞一样，必须朝地球前进的方向略微倾斜，才能使光线笔直地落到透镜上。布拉得雷把这种倾斜角度称为“光行差”（图 11.6）。布拉得雷的第二大发现是地球的章动。在观测修正了光行差之后，他发现天体与天极的距离仍有细微的变化。在分析了变化的规律后，他想到，这可能是由于月球对地球赤道隆起部分的吸引而使地轴产生摆动造成的，他把这种效应称为“章动”。

图 11.6　光行差改变了星光射入望远镜的方向

巴黎天文台以及各国的天文学家们在这一期间还完成了地球形状和太阳视差（日地距离）的测量。这些成就为太阳系演化理论的建立创造了条件。首先，由

于日心说的确立，人们对太阳系的结构有了正确的概念；其次，确定了太阳系行星、卫星的数量，对它们运动的共同规律性有了比较全面的认识；再次，牛顿力学得到了充分的发展，为研究天体的运动提供了理论根据；最后，天文学家已经观测到了云雾状天体——星云，由此，第一个科学的太阳系起源理论——星云说就诞生了。

但是，在 18 世纪以前天文学家的研究对象，都不出五大行星组成的太阳系，直到 W. 赫歇耳发现天王星。至此，恒星、双星、变星、星团、星云、银河系等，无不属于天文学家观察和探索的对象。

W. 赫歇耳之前人们一直以为土星是太阳系的边界，天王星的发现使人们所认识的太阳系直径增大了一倍。他还发现了土星的两颗卫星和天王星的两颗卫星。1783 年赫歇耳发现了太阳的自行，并对世界宣布：太阳也在动！太阳也不是宇宙的中心，也许宇宙根本就没有中心。他的另一大功绩是对星云、星团的研究，他是第一个确定银河系的形状、大小和星数的人。他确认了银河系的结构，使人类对宇宙的认识从太阳系扩展到了银河系，不愧为近代天文学的鼻祖。

到 19 世纪，天文学家将当时物理学中的一些新的理论和方法引入天体研究中，创立了天体物理学。分光学、光度学和照相术广泛应用于天体的观测以后，对天体的结构、化学组成、物理状态的研究，形成了一个完整的科学体系，这标志着当时人们称为“新天文学”的天体物理学正式诞生了。太阳物理学、恒星物理学、星云物理学逐步成为天文学家重要的研究领域。

11.3　当代天文学

可以说 20 世纪 60 年代天文学的“四大发现”是 20 世纪天文学发展的一个缩影。

11.3.1　四大发现和四大疑难问题

20 世纪天体物理学的发展可以这样简单地总结：

两大基本理论的建立——恒星演化理论、大爆炸宇宙学模型；

四大发现——脉冲星、微波背景辐射、类星体和星际分子；

“全波段”天文学的发展，以及中微子天文学、γ 射线暴等。

1. 广义相对论只能由天文学观测来证实

20 世纪最伟大的科学家是爱因斯坦。1916 年广义相对论问世。直到 1919 年，英国的爱丁顿才利用日全食的观测，测量到星光在经过太阳附近时的弯曲，人类才第一次验证了广义相对论。

验证广义相对论的主要手段还有水星近日点的反常进动（每百年 43"）和引力红移效应，加上光线弯曲现象，被称为广义相对论的三大验证。三大验证都是由天文观测证实的。事实上，广义相对论的效应都只能反映在宇宙中，地球上是无法验证的。基于广义相对论，20 世纪末形成的标准宇宙模型已被广泛接受。

2. 宇宙的膨胀和哈勃定律

如果问及谁是 20 世纪最伟大的天文学家，哈勃将是无可争议的人选。他确立了哈勃定律，表明宇宙中任何一个星系远离我们的速度与它的距离成正比。也就是说，宇宙在不停地膨胀着。

3. 热大爆炸宇宙模型

勒梅特关于膨胀宇宙的想法被伽莫夫加以发展。他和阿尔弗于 1947 年开始具体计算元素的合成过程，1948 年提出了大爆炸理论。

哈勃定律还让科学家们对大爆炸理论半信半疑。1965 年宇宙微波背景辐射的发现彻底确立了大爆炸理论的地位。只有大爆炸的余晖才能形成目前观测到的黑体辐射，2.7 K 又刚好同理论计算一致。

4. 四大发现

科学的最高荣誉是诺贝尔奖。20 世纪的重大发现中，以 60 年代的“四大发现”最令人瞩目，它们都获得了诺贝尔奖。

（1）类星体。

类星体的发现应追溯到第二次世界大战，战争促进了英国雷达技术的发展，战后，一批为军事服务的科学家转而从事射电天文研究。1950 年，剑桥大学发表了第一个射电源表（简称 1C），它包括 50 个射电源。1955 年发表了 2C，其中包含 1936 个射电源。1959 年发表了 3C，3C 共包含 471 个射电源，这些源中实际上已经包含了类星体。

1960 年，美国的桑德奇首先在三角座找到了 3C48（3C 射电源表的第 48 号源）的光学对应体。1962 年，哈扎德利用月掩星的机会准确测量了 3C273 的

位置，发现它是一个双源。中间是一个 13 等星的蓝星体，具有发射线。1963 年施密特进一步观测 3C273，准确地测出了其发射线的位置。最终证明它们就是氢巴尔末线和电离氧的谱线，只不过向红端的方向位移了许多。至此，类星体宣告发现。

（2）脉冲星（中子星）。

1932 年，英国卡文迪什实验室宣布发现了中子。苏联著名理论物理学家朗道，当时就大胆地提出一个设想，认为有可能存在主要是由中子组成的物质，例如由中子组成的星体——中子星。

1967 年，英国的休伊什设计了一架射电望远镜用于研究太阳风的闪烁。一个月后，他便发现了一个奇怪的闪烁源。它在远离太阳风的区域闪烁仍不停止。其发出的信号非常有规律，每隔 1.337 秒跳动一次。经过几个星期的观测，他又接连发现了三个类似的天体。1968 年 2 月，英国《自然》杂志公布了这一结果，取名脉冲星（pulsar）。

脉冲星的脉冲周期是星体的自转周期。只有朗道预言的中子星，才能在这样的自转速度下不至于瓦解。原来，脉冲星就是快速自转着的中子星。诺贝尔物理学奖于 1974 年授予了休伊什。

脉冲星研究的新突破是脉冲双星的发现，1974 年，泰勒和胡尔斯首次发现脉冲双星 PSR1913+16。这是一个天赐的检验爱因斯坦广义相对论的双星系统，它的互转周期为 7.75 小时，测定它们公转周期变化速率的衰减，刚好等于引力辐射损失的能量。为此，泰勒和胡尔斯获得了 1993 年度的诺贝尔物理学奖。一种天体居然能获两次诺贝尔物理学奖，大概是空前的吧。

（3）星际分子。

在一个星系中，除去恒星以外，还存在着大量的星际介质，它们是由尘埃和气体组成的。其中的星际分子更令人感兴趣，因为它和生命的起源息息相关。从 1937 年起，证认出星际间存在着 CH、CN 和 CH +。但由于星际分子的谱线大都落在射电波段，因此，直到射电天文发展起来以后，更多的星际分子才被发现。

现在已经发现的星际分子接近 200 种。在这些星际分子中，有一类特别引起科学家们的兴趣，这便是星际有机分子。有机分子的起源和宇宙中生命的起源有着密切的联系。美国科学家汤斯由于对星际分子谱线发射机制的开创性研究而获

1964 年度的诺贝尔物理学奖。

（4）**宇宙背景辐射。**

宇宙的热大爆炸理论预言了 5 K 左右的宇宙背景辐射的存在。它被认为是（爆炸）残余的宇宙背景辐射。

1964 年，彭齐亚斯和威尔逊在使用一架 7 米口径的喇叭形反射天线与回声号人造卫星进行通信联系时，仪器的噪声水平为 0.3 K，对观测基本没影响，但当他们对准银河平面测量时，却惊奇地发现存在着 6.7 K 的剩余辐射，而且这种辐射与方向无关。经过一年的反复测量，扣除大气吸收以及天线自身的影响，他们确认，仍然存在着 3.5 K 的来自宇宙的辐射。1965 年，他们在《天体物理学》上发表了一篇非常谨慎的短文，题目是《在 4080 兆赫频率上对天线过热温度一次测量》。没想到，竟是这篇不足千字的文章，获得了 1978 年度的诺贝尔物理学奖。

1989 年 11 月 18 日发射的 COBE 卫星，进行了最精细和彻底的观测。COBE 所有测量的结果表明：存在着完全均匀的各方向一致的宇宙背景辐射，辐射谱是标准的黑体谱。

5. 四大疑难问题

（1）**黑洞。**

黑洞的确切概念源自于广义相对论。史瓦西依据广义相对论给出了黑洞的第一个解。黑洞这个名称是惠勒于 1967 年首先使用的。最早是在双星系统中发现了黑洞。最典型的黑洞是天鹅座 X–1，大麦哲伦云 X–1 和 X–3，星系核心区很可能存在着黑洞。例如，M87、NGC4258，还有我们自己的银河系，中心都是一个超大质量黑洞。

（2）**中微子。**

中微子由泡利提出，费米解释为“微型的中子”，从此，就使用意大利语的中微子来命名。

在恒星内部的热核反应过程中，会伴随大量中微子的产生。太阳应该不停地释放大量的中微子，但由于中微子的穿透本领很强，地球都难以阻挡，因此难以测量。直到 20 世纪 50 年代，美国人把大量的四氯化碳液体放置在一个废矿井中，建立了一个巨大的实验室，才第一次捕捉到它。

（3）**引力波。**

脉冲双星的周期变率虽然证实了引力辐射的存在，但是引力辐射的物理性质

还没有解决。根据广义相对论，引力辐射应该通过引力波来传播，理论上引力波应该是不可见的，以光速传播。其穿透本领极强，甚至对于地球都应该是透明的。

能否从地面上直接探测到引力波？只有大质量天体及其剧烈活动，如超新星爆发、中子星自转、黑洞吸积等才有可能产生引力波。天文学家建立了激光干涉引力波天文台 LIGO。利用激光在探测器中的多次反射，提高了探测的灵敏度，终于在 2017 年发现了引力波。

（4）宇宙中的“神秘”物质。

我们的宇宙正处在动力学的演化过程中，目前的状态是在膨胀。演化的趋向则取决于宇宙中的物质数量。宇宙中存在于天体和天体之间的物质，有可视的物质和不可视的物质，不可视的物质统称为暗物质。目前宇宙暗物质的研究还处于摸索阶段。

11.3.2　射电天文学

射电天文学以无线电接收技术为观测手段。20 世纪的四大天文发现都是利用射电天文手段获得的。由于无线电波可以穿过光波通不过的尘雾，射电天文观测就能够深入以往凭光学方法看不到的地方。银河系空间星际尘埃遮蔽的广阔世界，就是在射电天文诞生以后，才第一次为人们所认识。

射电天文学的历史始于 1931 年。美国的央斯基在研究长途电信干扰时偶然发现存在来自银心方向的宇宙无线电波。1940 年，雷伯用直径 9.45 米、频率 162 兆赫的抛物面型射电望远镜证实了央斯基的发现，并测到了太阳以及其他一些天体发出的无线电波。

对于研究射电天体来说，测到它的无线电波只是一个最基本的要求。进一步的要求是精确测量它的位置和描绘它的图像。

一般来说，只有把射电天体的位置测准到几角秒，才能够较好地在光学照片上认出它所对应的天体，从而深入了解它的性质。为此，就必须把射电望远镜造得很大。这必然会带来机械制造上很大的困难。因此，人们曾认为射电天文在测位和成像上难以与光学天文相比。但是射电干涉仪（由两面射电望远镜放在一定距离上组成的系统）的发展，使测量射电天体位置的精度得到了稳步提高。到 20 世纪 70 年代后期，工作在短厘米波段的射电干涉系统所取得的天体射电图像细节精度已达 2"，可与地面上的光学望远镜拍摄的照片媲美。

射电干涉仪的应用还导致了 20 世纪 60 年代末甚长基线干涉仪的发明。这种干涉仪的两面射电望远镜之间距离长达几千乃至上万千米，精度可以达到千分之几角秒。2020 年发布的“黑洞照片”就是利用 VLBI 甚长基线干涉望远镜完成的。

11.3.3 空间科学

1957 年，苏联首次发射了人造地球卫星，这标志着人类进入了空间时代。

人们对近地空间环境进行了大量的普查，发现了地球辐射带、环电流，证实了太阳风、磁层的存在，发现了行星际磁场的扇形结构和冕洞等；月球探测器和“阿波罗”飞船载人登月，对月球进行了探测和综合性研究；行星际探测器系列对行星进行了探测，并由地内行星发展到地外行星的探测；天文观测卫星系列对太阳、银河辐射源、河外源，在红外、紫外、X 射线和 γ 射线波段进行了探测。空间生命科学也相应地迅速发展起来。例如研究人在空间长期生存的一系列问题，包括在失重、超重、高能辐射、节律改变等条件下人体的适应能力等；空间生物学、医学和生保系统的研究也取得了很大的进展；关于地外生命也在进一步探索。

空间技术的发展，开拓了红外天文学、紫外天文学、X 射线天文学和 γ 射线天文学等崭新的领域。高能天体和激烈活动的天体现象，会产生 X 射线和 γ 射线，这包括温度达数千万至数亿度的热辐射和在强烈爆发过程中产生的相对论性带电粒子所发出的非热辐射，例如超新星爆发及其遗迹产生的辐射，以及当一致密星（中子星或黑洞）与一伴星形成双星时，致密星对伴星的吸积而产生的辐射。γ 射线天文学直接与核过程、高能粒子和高能物理现象相联系。

有些宇宙天体的辐射主要在红外波段内，如原恒星、红巨星、恒星际的气体云和尘埃等。活动星系和类星体既有很强的 X 射线、紫外线辐射，也有很强的红外线辐射。在恒星际空间发现很多种无机和有机分子，它们的谐振频率在波长较短的微波段内，2.7 K 的宇宙背景辐射主要在毫米波、亚毫米波波段内。为了进行这些探测，也要利用空间飞行器。

我们设想未来的天文学，可能会从以下的 10 个方面展开或需要深入研究：①宇宙的起源和演化过程；②宇宙中的暗物质、反物质；③星系的形成；④活动星系核的物理本质；⑤ γ 暴的起源；⑥恒星的物理结构和核反应过程；⑦宇宙引力场的实验验证；⑧元素的合成和生命的起源；⑨探索新的物理规律；⑩开拓人类的生存空间，与“外星人”建立友好联系。

天文小贴士：在宇宙中一直沿直线旅行会发生什么

宇宙是有限的还是无限的？它是一直向前发展，还是循环往复？如果你坚定不移地朝一个方向旅行下去，会发生什么？

宇宙是一个巨大、奇妙而又古怪的所在。从人类的视角，各个方向上的宇宙范围大约为 460 亿光年。无论望向哪里，我们看到的都是一个充满恒星和星系的宇宙，但这些天体都是独一无二的吗？有没有可能，你在一个方向上看到的一个星系，当你从不同的视角，或者从相反的方向看，也会看到同样的星系？宇宙真的会循环往复吗？如果你沿着直线旅行得足够远，最终会回到起点吗？就像你在地球表面朝任何一个方向走了足够长的时间一样？或者，会不会有什么东西阻止你回到原点？

图 11.7 描绘了一个假想的环形宇宙，或叫宇宙的“甜甜圈理论”。事实上，这样的宇宙并不能以这种方式呈现出来，因为甜甜圈有二维的表面，而且环形宇宙不仅在空间中是弯曲的，在时空中也是弯曲的。

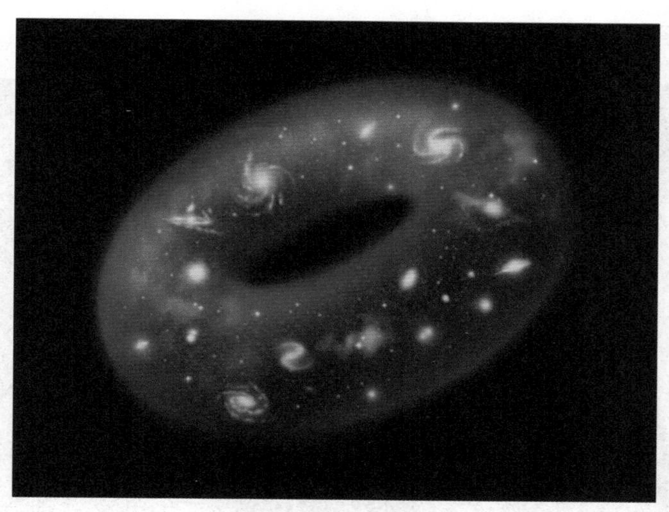

图 11.7　“宇宙甜甜圈”

随着宇宙的膨胀，宇宙中星系发出的光会向波长更长、更红的方向移动。它们会不断远离我们，随着膨胀的持续，它们会越来越远。在宇宙中，如果一直沿直线旅行的话，似乎可以永远走下去。有什么东西会阻止你？一堵墙？如果是的话，那墙的另一边是什么？或许听起来很荒谬，但答案是：两种情况皆有可能。

你既可以永远旅行下去，但也会有东西阻止你。关键在于如何理解不断膨胀的宇宙，这本身就是最令人难以想象的概念之一。

当我们仰望宇宙的时候，看到的物体并不是它们如今存在的样子。从我们的角度来看，宇宙大爆炸已经发生了 138 亿年，而我们所看到的一切都比宇宙本身年轻。

我们的宇宙可能有点像一个关于小行星的宇宙三维游戏，你可以从宇宙的这边离开，然后在另一边重新出现。如果宇宙膨胀得足够慢，或者我们的速度足够快，时间足够长，那我们最终会回到起点，没有什么能阻止我们到达设定的目的地。为什么会这样？

大爆炸同时发生在所有地方，如果我们位于宇宙的其他地方，也会经历同样的 138 亿年时间。但如果我们从那个位置观察地球，就必须考虑到我们所看到的地球并不是它今天真正的模样。相反，我们看到的是地球当时的样子；当时到达的光从地球发射出来，再被我们接收到。我们看到的是地球的过去。太阳光到达地球要经历 8 分 18 秒，就是说我们看到的是 8 分 18 秒之前的太阳。而冥王星比我们更晚看到太阳（图 11.8）。

图 11.8　光线传播需要时间

很遗憾，这就是我们目前所能获得的答案。沿一条直线，你可以在时间上永远旅行下去，但只能到达可观测宇宙的很小一部分。任何超出当前宇宙视界的事

物——超出我们目前所能看到的极限——都永远超出了我们的观测能力范围。事实上，我们今天已经无法观测到任何比 180 亿光年更远的物体了。换句话说，在我们所能观测到的所有物体中，只有大约 6% 的物体是我们可以到达的。每过 1 秒，就会有成千上万颗恒星被膨胀的宇宙推过这个临界边界，导致它们从“可及”过渡到“不可及”，即使我们现在就以光速出发追赶它们。

尽管有各种解释宇宙形状、曲率和拓扑结构的可能性，但即使永远沿直线旅行，你也永远不会回到起点。综合事实如下：

（1）宇宙正在膨胀。

（2）暗能量导致膨胀加速。

（3）现在距离宇宙大爆炸已经过去了 138 亿年了。

（4）宇宙不会重复，在小于 460 亿光年的尺度上也不是有限的，这使我们永远无法像环绕地球那样，环绕宇宙航行。在某种非常宏大的尺度上，宇宙也许在本质上确实是有限的。但即使如此，我们也不可能知道。尽管只要我们愿意，就可以一直在宇宙空间中以尽可能快的速度旅行；我们可以想象宇宙没有尽头，但大部分的宇宙已经永远地远离我们，而且越来越远。一个宇宙视界限制了我们在不断膨胀的宇宙中旅行的距离，就目前的我们而言，超过 180 亿光年远的物体实际上已经消失不见了。

第12课　中国古代天文学

天文学是我国古代最发达的四门自然学科之一，其他包括农学、医学和数学。最早的天文学产生于古埃及，但是，中国是天文学发展最快、系统性和延续性最好的国家，成就主要体现在天象记录、观测仪器制造和天文学人物三个方面。

12.1　延续了五千年的天象记录

我国古代天文学从原始社会就开始萌芽了。帝尧时代，就设立了专职的天文官从事“观象授时”。仰韶文化时期的人们描绘了光芒四射的太阳形象，对太阳的变化也屡有记载，描绘出太阳边缘有大小如同弹丸、成倾斜形状的太阳黑子。

无论是对太阳、月亮、行星、彗星、新星、恒星，以及日食和月食、太阳黑子、日珥、流星雨等天象，古代中国都有着丰富的记载。其水平之高令人惊讶，这些记载至今仍具有很高的科学价值。在河南出土的殷墟甲骨文中，已有天文现象记载。在湖南长沙马王堆汉墓内发现了一幅精致的彗星图（图 12.1），图上还绘有云、气、月掩星和恒星等，称为《天文气象杂占》。公元前 240 年的彗星记载，被认为是世界上最早的哈雷彗星记录。从那时起到 1986 年，哈雷彗星共回归了 30 次，我国都有记录。

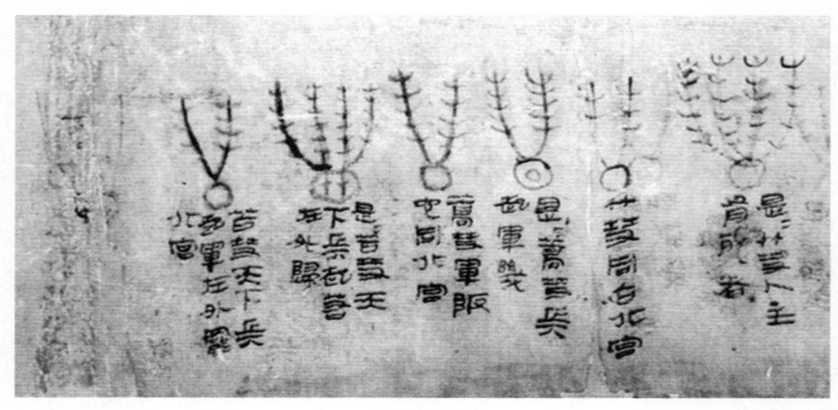

图 12.1　长沙马王堆汉墓出土的彗星图

古人观察日月星辰的位置及其变化，主要目的是通过观察这类天象，掌握他们的规律，用来确定四季，编制历法，为生产和生活服务。我国古代历法不仅包括节气的推算、每月日数的分配、月和闰月的安排，还包括许多天文学理论的内容，如日月食发生时刻和可见情况的计算和预报，五大行星位置的推算和预报等。

“日出而作，日入而息”，太阳周而复始的东升西落，古人就产生了“日”的概念。在商代，古人已经有了黎明、清晨、中午、午后、下午、黄昏和夜晚这种粗略划分一天的时间概念。计时仪器漏壶发明后，人们通常采用将一天的时间划分为一百刻的做法，夏至前后，“昼长六十刻，夜短四十刻”；冬至前后，“昼短四十刻，夜长六十刻”；春分、秋分前后，则昼夜各五十刻。尽管白天、黑夜的长短不一样，但昼夜的总长是不变的，都是每天一百刻。

太阳黑子的记录，从公元前 28 年到明代末年的 1600 多年当中，我国共有 100 多次，这些记录不仅有确切日期，而且对黑子的形状、大小、位置乃至分裂、变化等，都有很详细和认真的描述。

流星雨的记录至少有 180 次以上，天琴座流星雨至少有 10 次，英仙座至少有 12 次。最著名的狮子座流星雨，从 902 年到 1833 年，世界各地总共记录了 13 次，其中我国占 7 次。

我国古代观测天象的台址名称很多，如灵台、瞻星台、司天台、观星台和观象台等。现今保存最完好的就是河南登封告成观星台和北京古观象台。山西陶寺聚落距今 4100 多年前由 13 根柱子和 12 道观测缝及一个观测点组成的观象台，应该是“最早的测日影天文观测系统”。

12.2　自动化的观天仪器

中国古代的天文仪器具有系列化、大型化、做工精细的特点。尤其是水运仪象台更是在水流的推动下，达到了自动化的观测效果。包括观测仪器、计时仪器和天图天象演示等三大功能。

下面叙述几种观测仪器。

（1）**圭表**，也叫“土圭”（图 12.2 左），由垂直的表和水平的圭组成，主要功能是测定冬至日太阳影子长度的变化，用来确定回归年长度，此外，通过观测表影的变化可确定方向和节气。

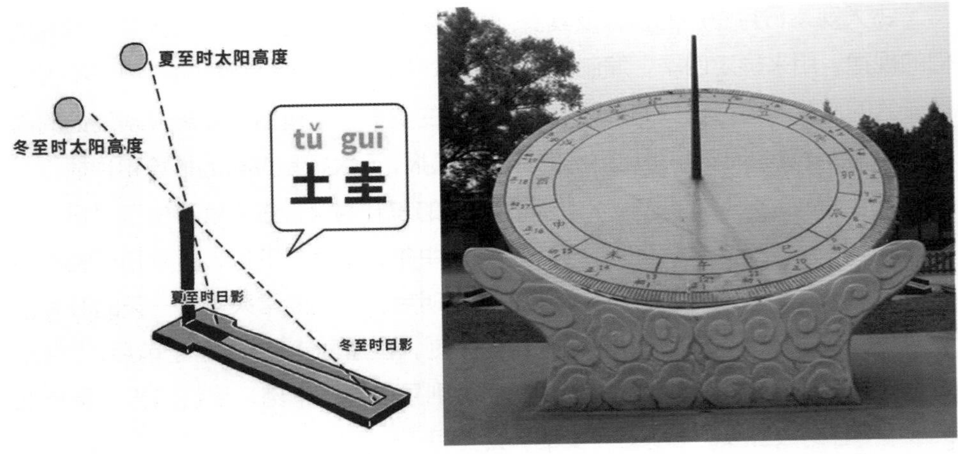

图 12.2　圭表（左）和日晷（右）

（2）**日晷，**又称“日规”（图 12.2 右），是利用日影测时刻的计时仪器，通常由铜制的指针和石制的圆盘组成。安放时使晷面平行于天赤道面，这样，晷针的上端正好指向北天极。在晷面的正反两面刻画出 12 个大格，每个大格代表两小时，称为一个“时辰”。

（3）**漏刻，**是计时工具（图 12.3），不仅古代中国用，古埃及、古巴比伦等文明古国都使用过。漏是指计时用的漏壶，刻是指划分一天的时间单位，它通过漏壶的浮箭来计量一昼夜的时刻。计时方法可分为两类：泄水型和受水型。

图 12.3　漏刻（右图为为了保证水流均匀而发明的四级漏刻）

（4）**浑仪**，用来确定天体的位置，基本有三个圆环和一根金属轴（图 12.4 左）。最外面的圆环固定在正南北方向上，叫“子午环”；中间固定着的圆环平行于地球赤道面，叫“赤道环”；最里面的圆环可以绕金属轴旋转，叫“赤经环”；赤经环与金属轴相交于两点，一点指向北天极，另一点指向南天极。在赤经环面上装着一根望筒，可以绕赤经环中心转动，用望筒对准某颗星星，然后，根据赤道环和赤经环上的刻度来确定该星在天空中的位置。

图 12.4　浑仪（左）和天体仪（右）

（5）**天体仪**，又称“浑象”（图 12.4 右），用于演示天象的仪器。

（6）**水运仪象台**，是利用水力推动的全方位的观天仪器（图 12.5），它把观

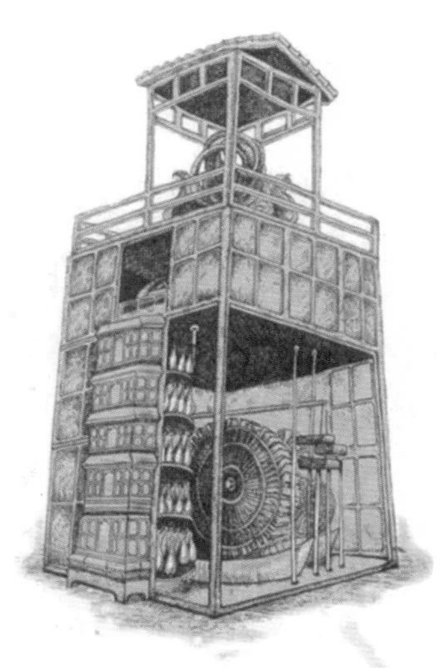

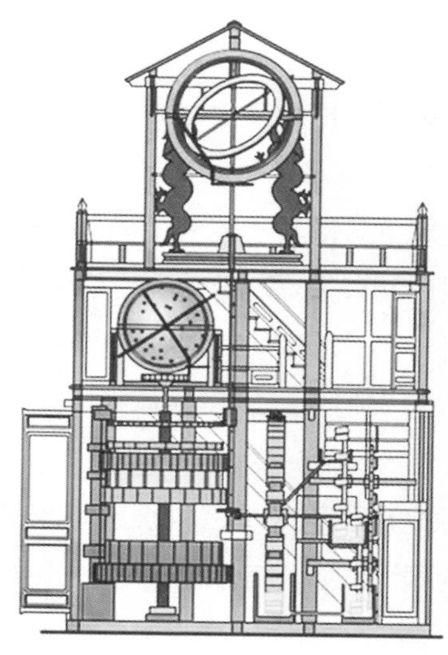

图 12.5　水运仪象台

测天象的浑仪、演示天象的浑象和报时装置巧妙地结合在一起，是我国古代一项卓越的创造。水运仪象台高约 12 米，宽约 7 米，呈下宽上窄的正方台形，全部为木建筑结构。

12.3 中国古代天文学人物

中国古代天文人物的贡献主要也在历法和天文仪器制作等领域。下面介绍一些重要的天文学人物及他们的贡献。

甘德、石申，战国时期天文学家。根据他们的著作合编的《甘石星经》，是现存世界上最早的天文学著作。书中记录了 800 颗恒星的名字，其中 121 颗恒星的位置已被测定，是世界上最早的星表。

落下闳，西汉时期天文学家，我国最早的历算学家。他编纂的《太初历》施行了 189 年，是中国历史上有文字可考的第一部历法。

张衡，东汉时期的科学家、发明家。他发明的“浑天仪”是世界上第一台用水力推动的天文仪器，他在《灵宪》中全面阐述了天地的生成、宇宙的演化、天地的结构、日月星辰的本质及其运动等。

祖冲之，南北朝时期天文学家。他创制了《大明历》。《大明历》中首次引入了岁差，所采用的一个回归年的天数，跟现今的测定只相差 50 多秒；采用的一个交点月的天数，跟现代科学测定的相差在 1 秒之内。

张遂（一行），唐朝高僧，天文学家。他主持编制了《大衍历》，制造天文仪器、观测天象和主持天文大地测量等。

沈括，北宋时期天文学家，精通天文、地理、数学、医学、农业等。他认识到岁差现象，解释了月亮的圆缺变化，描述了常州陨石的坠落过程，并注意到行星的视运动有往复现象。

郭守敬，元朝天文学家。他制订了精密的《授时历》，设定一年为 365.2425 天，与地球绕太阳一周的实际运行时间只差 26 秒。郭守敬在天文历法方面的著作有 14 种，共计 105 卷。

徐光启，明末著名科学家。他是第一个把欧洲先进的科学知识介绍到中国的人。他编译成了《崇祯历书》，为中国天文学向现代过渡奠定了一定的基础。

李善兰，清代天文学家、数学家。他翻译了 W. 赫歇耳的《天文学纲要》，第一次在中国使用了无穷级数的概念来求解开普勒方程，将微积分引入了中国。

天文小贴士：宇宙中其他生命会是什么模样

外星生命假如真的存在，可能会令我们大吃一惊。而且，如果外星生命与我们习惯的生命形式相去甚远，那我们在短期内应该很难探测到它们。

在我们打开脑洞之前，首先要说明：①我们对生命的定义是任何能够自我持续的化学反应网络，能够代谢环境能量，并可以按照达尔文的自然选择规律生殖繁衍；②我们讨论的范围仅限定在宇宙视界之内，即以 138 亿光年为半径的球体；③考虑到宇宙膨胀，这一半径可以到 460 亿光年（图 12.6）。而且，让我们尽可能实际一些，不涉及对多重宇宙的设想。

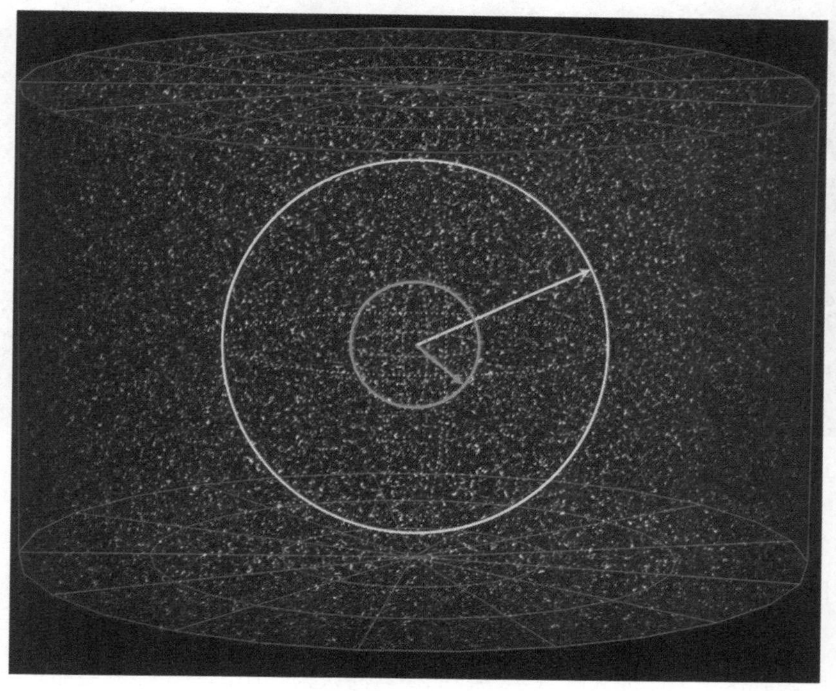

图 12.6　人类能研究的范围就是图中的紫红色区域

1. 宇宙的普适性

现代科学最惊人的发现大概是，同一套物理和化学定律在宇宙各处均适用。如今，我们已经能够对数十亿光年之外的恒星和“婴儿期”星系展开观测，结果发现它们所含的化学元素与太阳别无二致（只是比例不同），演化规律也与太阳完全相同。

由于物理定律的普适性，很多恒星周围都有行星伴随，行星周围也通常都有卫星包围如图 12.7 所示，恒星 HD7924 周围有 b、c、d 三颗半径分别为 1.6、1.3 和 2.1 地球半径的行星围绕，在那里太阳只是一个光点。每颗星球都是一个单独的世界，有着不同的物理性质和化学组成。仅仅在银河系中，就有一万亿个世界，每一个世界都有自己独有的特征。

图 12.7　恒星 HD7924 及其行星

2. 亿万又亿万

除了银河系外，我们的宇宙中还有成千上万亿个星系，因此总共有 $10^{22} \sim 10^{26}$ 个世界，这一数字接近阿伏伽德罗常数，即 1 克氢气中所含的原子数。

考虑到这个无比庞大的数字，我们很容易认为一切皆有可能，生命总会穷尽各种办法存活下去。由于宇宙各处遵循的都是同一套物理与化学法则，生命的可能性和可行性也会受其限制。即使出于科学考虑、我们无法完全排除哪些生命形式不可能存在，但我们可以利用这些物理与化学定律推断出哪些有可能存在。

3. 生命的要求

韦伯望远镜会在宇宙中搜索生命的迹象，会期待发现些什么呢？虽然没人知道答案，但我们可以做出一些合理的猜测。

生命应当是碳基的。碳是一种很“随和”的原子，比其他原子都更容易形成各类化学键。硅基生命虽然也有可能，但生化特性相对受限。考虑到生命要想蓬勃发展、繁荣兴旺，必须具有较高的灵活性，碳基更有可能作为各种外星生命的基础架构。

生命需要液态水。虽然永久冻土层中存在一些冰冻的细菌，但它们并不算“活着”，因为其新陈代谢处于停滞状态。由于生命本质上来说就是一台生化反应器，溶剂自然不可或缺，这样才能提供离子流动的媒介。氨虽然也可作为这样的媒介，但它在室温下为气态，常压下需低于 −33 摄氏度才能变为液态。如果行星温度较低、大气层比较稠密，氨就会维持液态，但这也不能保证生物的存在。水是一种极为神奇的物质，透明、无嗅、无味，结冰时体积会膨胀，这一特性对寒冷气候中的水基生物十分重要，因为冰层下会有液态水。

有了这两大限制条件，我们可以总结出，生命的基本要素应当很简单：碳 + 水 + 其他物质（至少要有氮和氢）。但在此基础上的细节便可能千差万别，令我们大开眼界，就像我们发现生活在海底热泉（图 12.8）中的生物时一样。这些生物以无机物作为主要的能量来源，而不是阳光。每颗有可能存在生命的行星都有自己的历史。由于行星上的生物史与行星历史密不可分，每颗行星上的生命也都

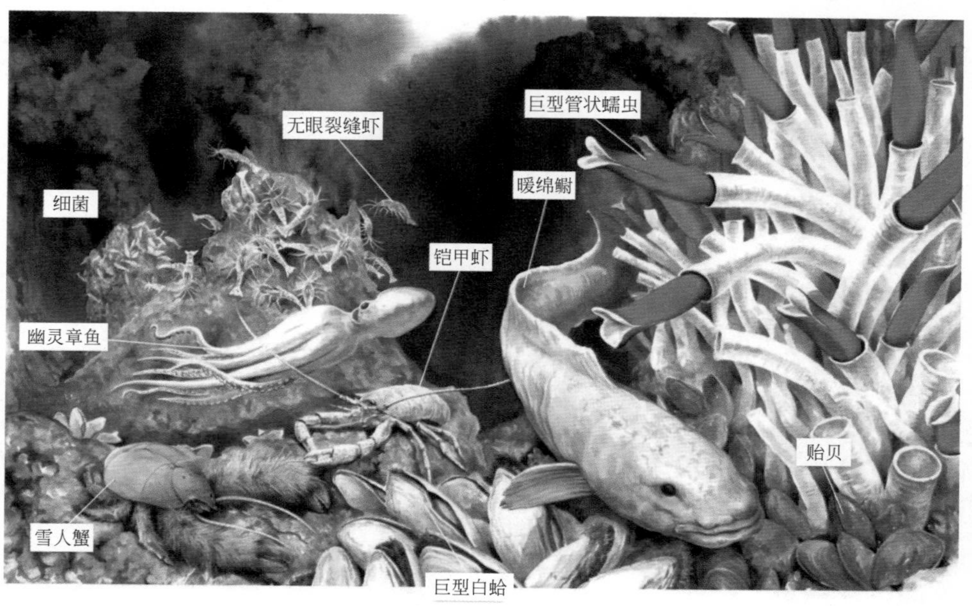

图 12.8　热闹的海底热泉社区

有自己独特的历史。这就意味着，自然选择也会给这些生命的生存施压，使各种外星生命朝着无法预测的方向发展。

4. 多样化的宇宙

行星的多样性和生命演化的意外性共同造就了一个神奇的结果：不可能有两颗行星拥有完全相同的生命形式。此外，生命形式越复杂，在另一个世界中演化出相同，甚至相似形式的可能性就越低。

因此可以断定，我们是宇宙中唯一的人类。虽然理论上来说，宇宙中也许还存在其他双足行走、左右对称的智慧物种，但绝不会像我们一样。

那么智慧呢？虽然对于物种的存活而言，智慧显然是项重要的“资产”，但并不是进化的目的。进化其实并没有什么目的，也没有最终目标。假如恐龙存活至今，它们也不会进化出语言或者技术发明能力。生命只要能复制繁衍下去就行，但如果有了智慧，就不可能仅满足于生殖繁衍了。

作为生活在一颗生物圈极为丰富的行星上的物种，我们在化学层面上与宇宙密切相连，生命的基础也与宇宙各处并无分别。但与此同时，我们又和这颗星球上其他所有物种一样独一无二。生命是一种无比神奇、无比复杂的现象，从一串碳基编码和一位共同祖先开始，逐渐创造出了如今的万物霜天。而能够了解到这一点，无疑是我们的荣幸。

第13课 驾上地球游宇宙

流浪地球的想法是脑洞大开吗？实际上，像鸟儿那样飞，自由自在地飞向太空，一直是人类的梦想和追求。给地球装上翅膀，去寻找人类的下一个太阳！我们还有 50 亿年的时间。

13.1 飞出地球

在奥伯特的《飞往星际空间的火箭》和齐奥尔科夫斯基的多级火箭理论之前，人类飞出地球就只能是幻想。

火箭是靠自身的燃料燃烧喷出气体的反作用力飞行。在类似真空的太空，就必须要借助于火箭。达到 7.9 千米每秒的速度，就可以围绕地球运行，这是第一宇宙速度；达到 11.2 千米每秒，是第二宇宙速度，可以摆脱地球引力在太阳系内飞行；16.7 千米每秒是第三宇宙速度，当大于第三宇宙速度，就能摆脱太阳的引力飞出太阳系（图 13.1）。

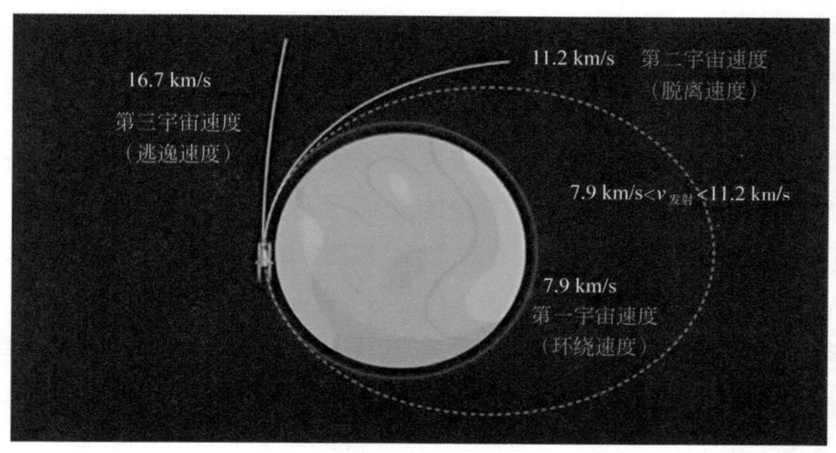

图 13.1 三个宇宙速度

1957 年 10 月 4 日，苏联第一颗人造卫星上天，拉开了人类航天时代的序幕。1961 年 4 月 12 日，加加林乘坐“东方号”宇宙飞船环绕地球飞行一圈，历

时 108 分钟，成为第一位进入太空的人。

月球是距离地球最近的天体，是人类进行太空探险的第一站。苏联 1959 年发射的月球 2 号探测器在月球着陆，这是人类的航天器第一次到达地球以外的天体。同年 10 月，月球 3 号飞越月球，发回了第一批月球背面的照片。1970 年发射的月球 16 号着陆于丰富海，送回地球 100 克月球土壤。

美国人在 20 世纪 60 年代开始了“阿波罗”计划，目的就是登上月球进行实地考察。从 1961 年到 1967 年，9 个“徘徊者”探测器，7 个“勘探者”探测器以及 5 个月球轨道探测器先后对月球进行考察。“土星”5 号运载火箭先后向月球发射了 17 艘“阿波罗”飞船。1 ~ 3 号是试验用的飞船，4 ~ 6 号是无人飞船，7 号飞船载人绕地球飞行，8 ~ 10 号载人绕月飞行，11~17 号是载人登月飞行。

1969 年 7 月 16 日，美国阿波罗 11 号飞船载着阿姆斯特朗、奥尔德林和柯林斯三人在美国肯尼迪航天中心升空，飞向月球。到达了月球轨道后，由柯林斯驾驶飞船绕月飞行，而阿姆斯特朗和奥尔德林驾驶登月舱于 7 月 20 日在月面静海降落。

阿姆斯特朗第一个登上月球。

他说出了下面这段意味深长的话：“对于一个人来说，这只是一小步；但对人类来说，这是巨大的一步。”他们在月面上进行实地科学考察，并把一块金属纪念牌插上月球，上面镌刻着：“公元 1969 年 7 月，来自行星地球上的人首次登上月球。我们是全人类的代表，我们为和平而来。”

人们并不满足于对月球的了解，目标又转向了太阳系的其他天体。

1962 年美国发射的水手 2 号从距金星 35000 千米处飞过，实现了航天器首次飞越行星，发现金星表面有 400 度的高温。1969 年至 1981 年，苏联的金星 5 ~ 14 号探测器先后在金星表面着陆成功，拍摄金星表面照片，了解金星大气的成分、温度、压力等。1978 年美国先后发射了先驱者——金星 1 号、金星 2 号，到达金星后放出 4 个探测器，在落向金星的过程中，了解大气、云层、磁场等数据。

1989 年美国发射的麦哲伦号探测器又运用综合孔径雷达对金星表面进行探测。发现金星的磁场很弱，表面气压是地球海面气压的 90 倍等情况，并在距离金星表面 10 千米处探测到闪电。

美国发射的水手 10 号飞船在考察了金星之后，3 次飞临水星。它发现了水星的磁场和磁层，探测出水星大气的主要成分是氦。飞船上的两个摄像机拍摄了

多幅图像（图 13.2），揭示出水星地表有大量的陨石坑和盆地。

图 13.2 人类第一张水星表面图片（左）对比月球表面（右）

1962 年苏联发射的火星 1 号、宇宙 21 号和美国的水手 3 号均遭到了失败。1964 年发射的水手 4 号，于 1965 年 7 月 14 日在距离火星的一万千米高空掠过，获得了第一批火星照片。1974 年，苏联发射的火星 5 号宇宙飞船首次拍摄了火星的彩色照片（图 13.3 右）。

图 13.3 登陆火星的探测器（左）发现火星表面有水的痕迹（右）

1976 年，美国的海盗 1 号和海盗 2 号登陆器分别在火星上降落，并在降落的过程中，测量了大气温度的分布和火星大气压的情况。实验表明没有光合作用产生的物质交换，大气和表层物质中没有有机分子。摄像机监视了火星上有无生命活动的迹象，结果令人失望。可以这么说，火星表面现在没有生命，或者说没有与地球上类似的生命。

美国的先驱者 10 号 1973 年 12 月 4 日在木星附近飞过，传来了木星和木卫的照片。它最后在 1983 年越过海王星轨道后成为飞出太阳系大行星轨道范围的第一个人造天体。

接着，先驱者 11 号、旅行者 1 号、旅行者 2 号也相继飞越木星和木卫。在旅行者飞船拍摄的木星黑夜半球的图像上可以看到极光（图 13.4 左）。有趣的是，在木卫一上发现了正在喷发的火山（图 13.4 右），喷发的高度达到 30 千米，速度是每秒几百米到一千米。伽利略号飞船观测的结果显示木卫二和木卫四表面之下存在液态水海洋，有可能有生命存在，这无疑是一个令人兴奋的消息。

图 13.4　木星的极光（左）和木卫一上正在喷发的火山（右）

1985—1986 年哈雷彗星回归过程中，有 5 艘飞船对它进行了近距离观测，有许多令人惊奇的发现。1996 年 NASA 提出撞击彗星计划。1999 年 11 月 1 日，“炮轰”彗星计划正式启动。2005 年 1 月 12 日，“深度撞击”号彗星探测器成功发射。2005 年 7 月 3 日下午 2 时 7 分，“深度撞击”号彗星探测器（图 13.5）成功释放撞击器。2005 年 7 月 4 日下午 1 时 52 分，撞击器按计划准时命中彗星。此时，“深度撞击”号已在太空遨游 173 天，走过了 4.31 亿千米的旅程。

人类为什么要花很大的经费和气力去开展彗星撞击的研究呢？基本上可以说有两个目的：①撞击彗星将帮助我们对太阳系诞生的过程有更多了解，对探索生命的起源和地球上水的来源也有重大意义。因为彗星上保留了太阳系形成早期的物质。②发展无人控制航天器技术，为人类未来远足外太空做准备。

图 13.5　撞击器“冲”向彗星

13.2　艰难起步神速发展的中国航天

中国航天发展标志性的四大里程碑如下。

（1）第一个想到利用火箭飞天的聪明人——明朝的万户。他把 47 个自制的火箭绑在椅子上，自己双手举着大风筝坐在上面。设想利用火箭的推力，飞上天空，然后利用风筝平稳着陆。

（2）东方红一号，中国第一颗人造卫星。1970 年 4 月 24 日中国第一颗人造卫星东方红一号（图 13.6）成功升空，至今已经在太空运行了 52 年。

图 13.6　东方红一号

（3）2003 年 10 月 15 日，神舟五号载人飞船升空，表明中国掌握了载人航天技术。

（4）2007 年 10 月 24 日，嫦娥一号成功奔月，嫦娥工程顺利完成了一期工程。神舟九号与天宫一号相继发射，并成功对接。

下面通过表 13.1 来体验中国航天事业的发展。

表 13.1　中国航天大事记

时间	成就
1970 年 4 月 24 日	我国第一颗人造地球卫星东方红一号上天
1971 年 3 月 3 日	我国第一颗科学实验卫星实践一号发射成功
1975 年 11 月 26 日	我国成功发射第一颗返回式卫星
1975 年 11 月 29 日	我国第一颗返回式卫星完成预定任务后，成功返回
1981 年 9 月 20 日	我国首次发射一箭三星成功
1986 年 2 月 1 日	我国发射一颗实用通信广播卫星
1986 年 2 月 20 日	我国发射的实用通信广播卫星定点成功
1987 年 8 月 5 日	我国第一次为国外提供卫星搭载服务
1988 年 9 月 7 日	我国首次发射气象卫星风云一号
1990 年 4 月 7 日	我国成功发射亚洲一号卫星
1990 年 9 月 3 日	第二颗风云一号卫星升空
1992 年 12 月 2 日	我国首次向国外购买在轨卫星
1993 年 12 月 25 日	我国科学家成功跟踪失控返回式卫星
1997 年 5 月 12 日	东方红三号通信卫星发射升空
1998 年 7 月 18 日	长征火箭成功发射鑫诺一号卫星
1999 年 8 月 8 日	我国公用平台实践五号卫星圆满完成任务
1999 年 11 月 20 日	我国载人航天工程首次飞行试验成功
1999 年 11 月 21 日	神舟一号飞船在内蒙古自治区中部地区成功着陆
2000 年 3 月 2 日	资源一号卫星正式交付使用
2000 年 12 月 21 日	第二颗“北斗导航试验卫星”在西昌升空
2001 年 1 月 10 日	神舟二号飞船在酒泉卫星发射中心发射升空
2001 年 1 月 16 日	神舟二号无人飞船在内蒙古中部地区成功着陆
2002 年 3 月 25 日	神舟三号飞船发射成功并进入预定轨道

续表

时间	成就
2002年10月27日	我国资源二号卫星成功发射
2002年12月30日	我国成功发射神舟四号飞船
2004年4月19日	长征二号火箭成功将纳星一号卫星送入太空
2005年10月12日	神舟六号载人飞船在酒泉卫星发射中心成功发射
2005年10月17日	神舟六号载人航天飞船成功着陆
2007年4月14日	长征三号甲运载火箭将一颗北斗导航卫星送入太空
2007年10月24日	嫦娥一号探月卫星成功发射
2008年4月25日	我国首颗中继卫星天链一号01星发射成功
2008年6月9日	中星九号广播电视直播卫星升入太空
2008年9月25日	神舟七号载人飞船发射成功
2008年9月27日	神舟七号航天员成功完成了我国历史上第一次太空行走
2009年11月27日	我国首次成功实现静止气象卫星双星位置交换
2010年8月1日	第五颗北斗导航卫星成功发射
2010年10月1日	嫦娥二号卫星在西昌发射成功
2010年10月26日	嫦娥二号卫星成功进入月球虹湾成像轨道
2011年8月18日	我国实践十一号04星发射失利，卫星未进入轨道
2012年6月29日	神舟九号飞船成功着陆
2013年4月26日	对地观测卫星高分一号在酒泉卫星发射中心成功发射
2013年6月11日	神舟十号飞船在酒泉卫星发射中心发射升空
2014年8月19日	我国遥感卫星高分二号在太原卫星发射中心成功发射
2014年10月20日	我国成功发射遥感卫星22号
2016年8月16日	世界首颗量子科学实验卫星墨子号发射升空
2016年10月17日	我国神舟十一号载人飞船发射成功
2016年11月10日	我国在酒泉卫星发射中心成功发射了脉冲星试验卫星
2016年11月18日	神舟十一号载人飞船在内蒙古着陆
2016年11月22日	我国第四颗地球同步轨道数据中继卫星成功发射
2016年12月22日	我国首颗碳卫星发射，可监测二氧化碳浓度
2017年3月3日	我国成功发射天鲲一号新技术试验卫星

续表

时间	成就
2019 年 4 月 20 日	长三甲系列火箭第 100 次发射取得圆满成功
2020 年 6 月 23 日	发射北斗系统第五十五颗导航卫星，北斗系统组网成功
2020 年 11 月 24 日	嫦娥五号探测器成功发射
2020 年 7 月 23 日	我国首次火星探测任务天问一号探测器发射升空

我国现有 5 大航天发射基地：酒泉、太原、西昌、文昌和东方航天港。其中资格最老的是酒泉发射中心（图 13.7），它承担了我国第一颗卫星和第一次载人航天发射的任务。

图 13.7　中国酒泉卫星发射中心

太原发射中心于 1967 年建造，海拔大约在 1500 米，具备发射多射向、多轨道、远射程火箭的能力。

西昌发射中心于 1970 年建造，主要承担地球同步轨道卫星发射任务，是北斗卫星的主要发射场。文昌发射中心（图 13.8）于 2014 年全面竣工，地处海南省文昌市，是我国地理纬度最低的发射中心，能获得最大的发射初速度。嫦娥五号、天问一号火星探测器都是在这里发射的。

图 13.8　文昌发射中心

东方航天港于 2020 年开始建造，位于山东省烟台市海阳港，致力于打造航天海上发射母港，以及火箭研发制造中心、卫星载荷研发制造中心、海上发射平台研发制造中心和卫星数据应用开发中心，辐射带动智能制造装备、物流装备、能源装备、航天新材料、航天旅游等相关产业。

13.3　在宇宙中我们孤独吗

在地球之外是否还有像人类这样，或者更高级的智慧生命呢？如果有，又能否同他们建立联系呢？我们一直在努力探索中。

1960 年 5 月，美国用射电望远镜观测恒星鲸鱼座 t，试图收到外星人发来的信号。这颗星距我们 11 光年，它在许多方面都同太阳相似。如果它周围一颗行星上栖居了一批技术水平同我们相仿的外星人，那他们也许正在向外发射无线电信号以求与外部同类取得联系。正是这样的合乎逻辑的推理，促使人们进行了这项称为“奥兹玛”的探索计划。计划进行了 3 个月，结果一无所获。

1974 年 11 月，美国用阿雷西博望远镜向武仙座星团发送了 3 分钟信号。这些信号会在 24000 年后到达目的地。如果届时某一类文明生物已有了大射电望远镜，并恰好指向地球，他们也许就会收到我们的信号。

先驱者 11 号、先驱者 12 号飞船上做了最实际的尝试，携带两块特别的镀金铝盘离开地球。铝盘上刻有男女裸体人像，以及地球在银河系中的位置和有关太阳系的一些信息（图 13.9）。

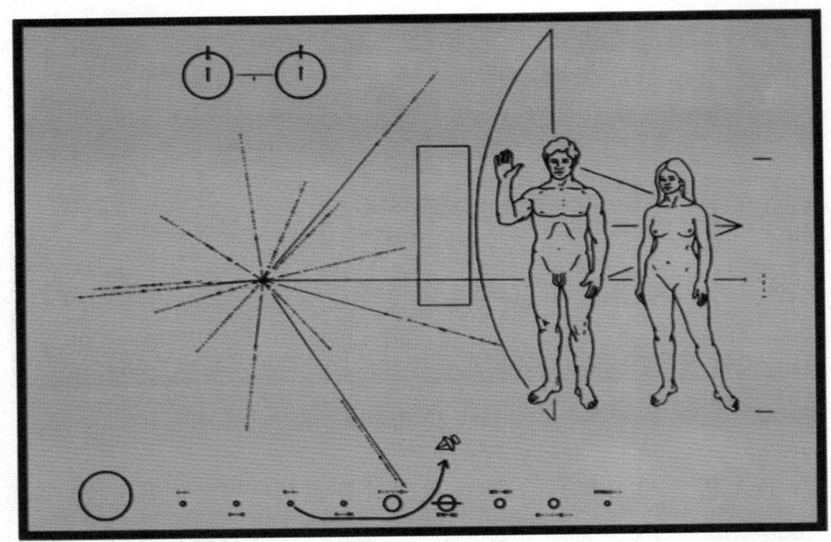

图 13.9　地球名片（图中左侧是利用脉冲星来定位太阳系）

后来旅行者 1 号宇宙飞船又携带着“地球之音”的人类信息飞向太空，其中有 115 幅照片和图表，近 60 种语言的问候语，35 种自然声音，以及 27 首古典和现代音乐等。科学家们希望有朝一日这些“信物”会落入外星人之手，从而使他们知道我们的存在，并设法同我们联系。这些做法能同外星人联系上吗？宇宙中真的有外星人吗？

针对我们的银河系，科学家给出了一个“宇宙文明方程式”或称为“德雷克方程”。它包含了 7 个方面的变量，公式记为：

$$N=R^{*}\times F_{p}\times N_{e}\times F_{1}\times F_{i}\times F_{c}\times L$$

其中，R^{*} 代表每年银河系中诞生的恒星数；F_p 是拥有行星的恒星比率；N_e 是行星系中的类地行星平均数；F_l 表示类地行星中具有生命的行星比率；F_i 表示演化出智能生命的比率；F_c 是能够进行星际无线电通信的智能生命比率；而 L 则是通信文明的平均数量；N 代表银河系中存在的文明数量。

执行探索地外行星的开普勒计划，对“德雷克方程”的参数做了部分修正。分别为 R^{*} 是银河系内恒星形成速率，F_p 表示恒星周围存在行星的可能性，N_e 是

宜居带上存在岩质行星的概率，F_l 表示行星可演化出生命的概率，F_i 是行星生命演化至高级文明的概率，F_c 表示外星高级文明可发展出星际通信技术的概率，L 是银河系内可能与我们发生联系的高级文明数量。开普勒探测器的发现成果已经可以解读该公式中的两个变量，即行星世界存在概率 F_p 与宜居带上岩质行星出现的可能性 N_e。

理论模型和观测表明宇宙内约存在 1000 亿个星系，而每个普通的星系中又大约存在 1000 亿颗恒星，即在宇宙总星系中约存在有 1 亿亿颗恒星。一般估计，银河系中存在的文明大概有 100 万个，而多数科学家的估计数是大约 10 万个。这样一个惊人的推算概率，无疑向人们展示了，在浩瀚的宇宙之中存在除了地球文明之外的文明的可能性极大。

但是，请记住——有没有外星人是一回事，能不能联系上外星人那是另一回事！

天文小贴士：能用巨大的推进器改变地球的轨道吗

在已知的宇宙历史中，地球最稳定的属性之一就是其围绕太阳运行的轨道。在过去的 45 亿年，即使发生了一系列奇妙的事件：月球形成、大规模撞击、地球自转持续放缓以及生命的出现等，地球围绕太阳的轨道也几乎没有变化。甚至如果我们考虑太阳系和银河系中所有其他物体的引力影响，地球也仍有超过 99% 的可能性继续保持原有轨道，不会发生任何可察觉的变化。

太阳的温度、能量输出和与地球的距离决定了地球仍处于宜居状态。在太阳内部，核聚变只发生在核心，那里的温度超过 400 万 K；在核的最中心，温度可高达 1500 万 K，那里的核聚变反应速率会随温度升高而迅速增大。但随着时间的推移，问题来了：①太阳核心将相当数量的氢转化为氦；②氦在内核中聚集，但此时还不能进一步聚变；③浓缩的氦导致引力收缩，进而导致太阳内部升温；④内核的温度升高，导致“400 万 K 及以上”区域扩大，占据更大的内部空间；⑤这导致太阳的核聚变速率增大，就增加了太阳的总能量输出。

随着越来越多的太阳能量到达地球，地球上的防御和反馈机制便逐渐“力不从心”。一旦全球平均气温上升到 100 摄氏度以上，所有海洋都将会蒸发。这一情景可能发生在 10 亿 ~ 20 亿年后。无论从何种角度，这都将标志着地球上复杂生命不可避免的终结。

如果不能阻止太阳升温，那么让地球远离太阳也许可以作为最终的解决方案。计算表明，每当你与光源的距离增加一倍，你感受到的亮度就减少四分之一。以此推算，如果太阳的能量输出增加 10%，我们只需要将地球与太阳的距离增加 4.9%。

由于目前太阳的能量输出每过 10 亿年就会增加 10%，因此这是一个长期的问题，但如果我们想让地球继续保持宜居，总有一天就必须解决这个问题。乍看之下，使地球轨道改变几个百分点似乎并不是一个特别艰难的任务。毕竟，地球绕太阳运行的轨道是椭圆的，离太阳最近的距离为 1.471 亿千米，最远的距离为 1.521 亿千米。这两个点接收到的辐射差约为 6.5%，意味着如果我们能够将地球当前的轨道替换为一个保持在远日点距离的轨道，就可以使地球在 3 亿多年的时间里不增加能量输入。

然而，这不仅是一项艰难的任务，甚至可以说是一项天文难度的任务。地球之所以在今天这样的轨道上绕太阳运行，就是因为在这些位置上，地球和太阳之间保持着动力平衡。如果我们设法使地球的动能减少，就会导致地球以更快的速度沉入更接近金星的轨道。同样地，如果我们想要上升到更接近火星的轨道，就需要给地球注入能量，使其净速度小于目前绕太阳运行的速度。

这个概念并不难，但所涉及的能量总额却异常惊人。例如，在未来 20 亿年里，我们必须将地球到太阳的平均距离从目前的 1.496 亿千米推到 1.64 亿千米，以保持从太阳输入地球的能量不变。但地球有着令人难以置信的质量：约为 6×10^{24} 千克。要达到目的，我们必须向地球额外输入 4.7×10^{35} 焦耳的能量：这相当于人类连续 20 亿年为各种目的产生的累计能量的 50 万倍。

但这也是可能的。事实上，太阳本身就有足够的能量供我们收集。在目前的地日距离下，每平方米区域都能接收到 1500 瓦的光能，即 1500 焦耳每秒的能量，而我们有 20 亿年的时间（约 6×10^{16} 秒）来完成以下工作：①收集太阳能；②将太阳能转换成推力；③利用这种推力来改变地球的轨道。

收集能量是最困难的部分之一。有研究者提出了一个可能具有巨大前景的设想，那就是在太空中建立太阳能收集阵列。这可能需要一个规模惊人的阵列，总面积达到 5×10^{15} 平方米，大约相当于 10 个地球的表面积（图 13.10），才能收集到必要的太阳能。

图 13.10　太空太阳能收集阵列假想图

另一个关键是如何有效地利用这些能量提升地球的轨道。将火箭发射到太空的原理同样适用于将地球推到更高的轨道。于是，我们就需要一台推进器。而且，还要一直确保推进器的作用方向是准确的。然而，在一个快速且持续旋转的星球上，做到这一点非常困难。因此，可能需要我们连续并多次地启动行星加速推进器。

也许我们需要在南极建造一台巨大的推进器，才能最终拯救整个地球。为什么要建在南极？

一旦地球表面的冰全部融化，南极洲就会暴露出来。它的海拔约为 3000 米。当我们把巨大的推进器安装在那里，并持续启动，就会发生一系列积极的变化：

（1）地球开始加速，并将被推到更高的轨道上；

（2）所有的推力将被利用起来，不会有一丝一毫浪费在地球当前的运动方向上；

（3）地球将被“抬升”出目前的地日平面，但幅度较小，经过 20 亿年的推进，地球的轨道将比现在的平面高出几度。这将使地球的轨道与太阳距离更远，使输入地球的太阳辐射逐渐减少。

在这 20 亿年的时间里，我们还要面临大陆漂移的问题。以便定期调整推进器位置，使其保持在南极点，并直接指向地球的旋转轴。只有在推进时不断与地球的轴向旋转保持一致，我们才能消除地球自转被扰乱的风险。

由于地球绕轴旋转，我们施加在地球表面的任何力都会显著改变地球的自转，只有两个地方不会有这种问题，那就是北极和南极（图 13.11）。考虑到北极在海洋之上，而南极洲是一片陆地，选择南极安装推进器是一个显而易见的决定。

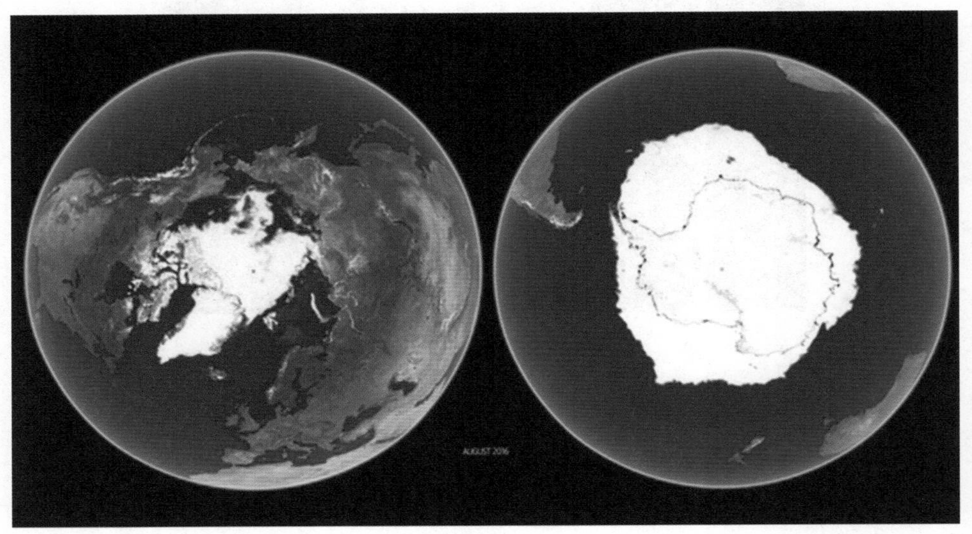

图 13.11　推进地球的北极和南极对地球影响最小

仔细想想，这真的是地球工程的终极壮举。我们用纯粹的“蛮力”改变了地球的位置！当然，这会使得我们所见到的星空、流星雨与现在很不一样。不过，我们可以做到，减少太阳辐射对地球生命造成的伤害，并防止由于不断增加的太阳能量输入而导致的海洋蒸发。

不过，地球和太阳的变化都是长期、渐进的。人类也在不断地进步、进化之中。太阳能量输出每 10 亿年增加 10%，也许我们能够适应？

但是，我们无法阻止太阳耗尽氢燃料，最终进入红巨星阶段，只能通过将地球轨道远离太阳，为地球上的生命多争取几十亿年的生存时间。如果我们什么都不做，那么在 10 亿～20 亿年后，太阳将煮沸地球上的海洋，终结地球上的生命。如果人类能够开发并实施南极推进器所需的技术，那这项宏伟的工程可能就是在所有冰川融化之后，真正拯救地球的唯一手段。

第14课 UFO

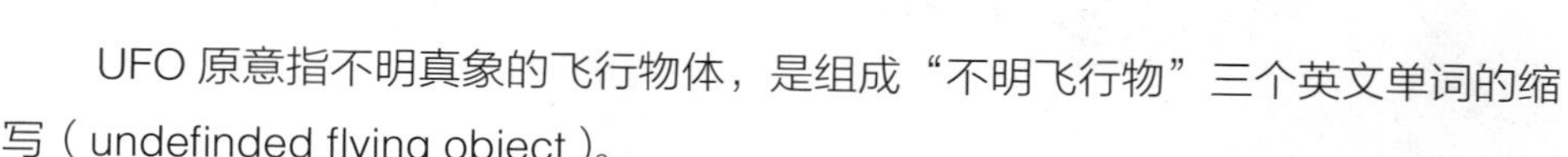

UFO原意指不明真象的飞行物体，是组成“不明飞行物”三个英文单词的缩写（undefinded flying object）。

天文学家相信有UFO吗？现代科学怎样解释UFO呢？你相信有UFO吗？等你读完本课之后，再来回答这些问题吧。

14.1 怎样的UFO

UFO大致可分为以下几类：①自然现象，如流星、球状闪电、地震光等；②人造物体，如气球、飞机、人造卫星、宇宙飞船残骸等；③幻觉和伪造的骗局；④非地球人类（包括地球上可能存在的非人类）制造的宇航乘具，即飞碟。

对UFO的描述有：快速地移动或盘旋；移动时悄然无声、飘忽不定或轰鸣异常；外形如碟子、雪茄、球形、环形或椭圆形，据统计，被目击到的UFO的形态已达100多种。

在世界范围内有关UFO的记载自古就有。但是，1947年6月24日，美国新闻界以首创的“飞碟”一词大篇幅地报道阿诺德目击飞碟事件，才把令世人都感到好奇的天外来客展现在人们眼前，而轰动全球。据报道，他驾驶私人飞机在华盛顿州雷尼尔地区飞行时，突然看到9个呈V字队形飞行的发光圆盘。

经媒体报道后，飞碟立即成为全球的热门话题。自那以后，世界各地越来越多的人声称看到过飞碟，仅美国就有超过1500万人宣称曾亲眼看到过飞碟。在众多的目击者中，既有平常百姓，也有知名人士、科学家、官员或被认为精神上有问题的人。

美国天文学家、UFO研究专家海涅克博士，根据对UFO现象的分析制定了一套评估系统。他将众多的飞碟目击事件划归为：第一类接触、第二类接触、第三类接触和第四类接触。

近距离目击到飞碟，称“第一类接触”。据目击者描述，飞碟有各种形状，且有照片为证（图14.1左）。据专家分析，这其中大部分是抛在空中的塑料模型

或轮船之类的东西，亦不乏经剪辑制作的照片。

图 14.1 UFO 事件的“第一类接触”（左）和“第二类接触”（右）

看到飞碟在地面上留下降落的痕迹，如被成片压倒的植物或地上的坑洞等，则称为“第二类接触”。如在英国的麦田出现的神秘图案（图 14.1 右），就被视为飞碟降落地点的痕迹。不过有趣的是，一位英国的机械师承认制造出了类似图案。

亲眼见到飞碟内的乘员，便是“第三类接触”（图 14.2 左）。多数目击者称，那些外星人通常有类似人类的外表，但具有头大、身矮的特征。

“第四类接触”特指被外星人劫持接受医学实验或交流（图 14.2 右）。世界各地均有这类的报道。

图 14.2 UFO 事件的“第三类接触”（左）和“第四类接触”（右）

德国的“特异天象研究中心”致力于对各种现象提出解释。据他们搜集到的

事实，UFO 的来源有热气球（50%）、卫星及行星（30%）、流星、极光、宇宙尘埃或探照灯等。约 5% 的 UFO 报道未得到解释。

14.2 科学家如何看待 UFO

UFO 的一个特点是无法在实验室研究，也无任何公式可用，连确切的证据都没有。这正是它不为正统科学界承认的一个原因。

据“目击者”描述，UFO 具有以下的特性。

1. 飞碟的异常特征

①几何外形与尺寸各异；②高超音速，人造飞行器望尘莫及；③飘浮反重力、高机动性“直角”或“锐角”转弯反惯性；④隐形、发光、出入海空、具有放射性；⑤电磁干扰、能够进行防御与攻击。

2. 飞碟的异常特征所引出的问题

（1）有关飞碟的异常特征都是现有的科学技术所无法解释的，只能相信是由比地球人具有更高度智能的生物所制造和控制。

（2）飞碟的异常特征远远不是当代飞行器所能比拟的，这可能会促使某些国家政府和军方脑洞大开。

3. 飞碟奥秘的核心

来自外星球的飞碟要实现几百光年甚至几千万光年的星际飞行，真是谈何容易？这需要解决一系列的高难度问题，诸如飞碟的设计、制造工艺、材料、发动机、能源、通信、导航、控制、生活供应设施、生命保障系统等。

这样高性能的飞行器，如此高超的技术，它们是怎么造出来的？综合各界人士的观点，给出了如下几种说法。

（1）**宇宙空间说**。我们地球人不也有自己的宇宙飞船吗？从大宇宙的角度来看，一切现象都有其解释。

（2）**地下文明说**。有地球物理学者认为，按地球的重量来说，它的内部可能是“空心”的。或许，地球人分为地表人和地内人，地内人的文明程度高于我们。

（3）**四维空间说**。有些人认为，UFO 来自于第四维。

（4）**杂居说**。该观点认为，外星人就在我们中间生活、工作，但没有证据表明外星人会伤害我们。

（5）**人类始祖说**。有这么一种观点认为人类的祖先就是外星人。他们以雌性猿人作为对象，设法使她们受孕，结果便产生了今天的人类。

（6）**平行世界说**。宇宙可能是由上下毗邻的两个世界构成的，它们之间的联系虽然很小，却几乎是相互透明的，这两个物质世界通常是相互影响很小的“形影”状世界。

那么观测者看到了什么呢？70%的人从远处观察；而所谓“靠近”的不足20%。在这20%当中，有很多人是被“迷幻”的或者是自称见到UFO。

UFO可能就来自我们自己的地球，例如一架开着灯着陆的飞机，或者反射率很高的通信卫星等；当然也可能就是自然现象，例如陨星的坠落。事实上，各种声称看到UFO的观测报告，90%以上都可以用上述现象中的一种做出解释。

“茫茫宇宙独居地球村”的那一份孤独和寂寞，是一种类似“杞人忧天”的心理现象。或者，为了排解寂寞，人们需要神话永存。UFO是否有点像现代科技的神话？

天文小贴士：证明黑洞存在的8大证据

1. 爱因斯坦的预言

黑洞是爱因斯坦广义相对论的必然结果。德国天文学家史瓦西于1916年最早预言了黑洞的存在，认为这是爱因斯坦广义相对论的必然结果。换句话说，假如爱因斯坦的理论是正确的（所有证据都指向这一点），那么黑洞一定存在。彭罗斯（2022年获得诺贝尔物理学奖）和霍金的研究进一步巩固了黑洞存在的理论基础，表明任何天体坍缩成黑洞之后，都会形成一个奇点，且传统物理学定律在这一点上全部失灵。

2. γ 射线暴

质量大于太阳25倍的恒星、超新星爆炸时，同时会向内坍缩，直至变成一个黑洞。恒星内核的坍缩速度极快，前后不过短短几秒，期间会以 γ 射线暴的形式释放出惊人的能量，相当于一颗普通恒星在漫长一生中释放出的能量总和。地球上的望远镜已经探测到了多次 γ 射线暴（图14.3），其中有些还是由数十亿

光年外的星系发出的，说明我们真的观察到了黑洞诞生的过程。

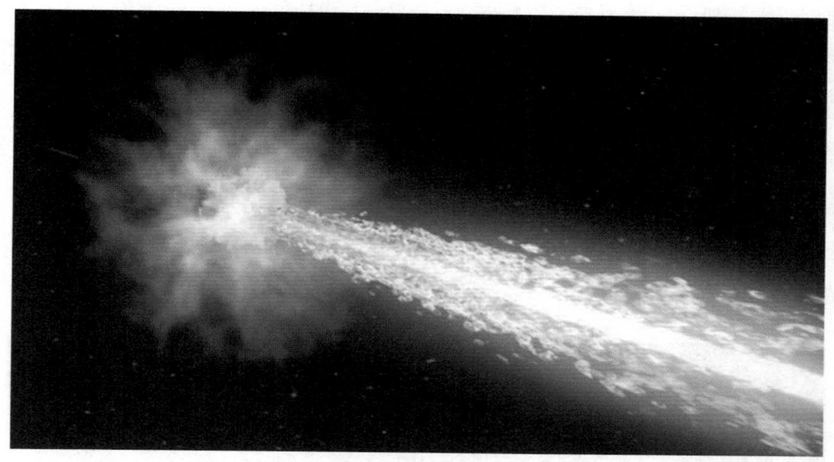

图 14.3　我们已经接收到了达到超乎想象的 γ 射线暴

3. 引力波

两个黑洞间的引力作用会形成时空涟漪，并以引力波的形式向外扩散（图 14.4）。2016 年，科学家首次宣布发现了由两个黑洞合并产生的引力波。此后，我们又探测到了多次引力波事件。随着探测器敏感度不断提升，科学家还探测到了除黑洞合并之外的其他事件产生的引力波，如黑洞和中子星相撞等。

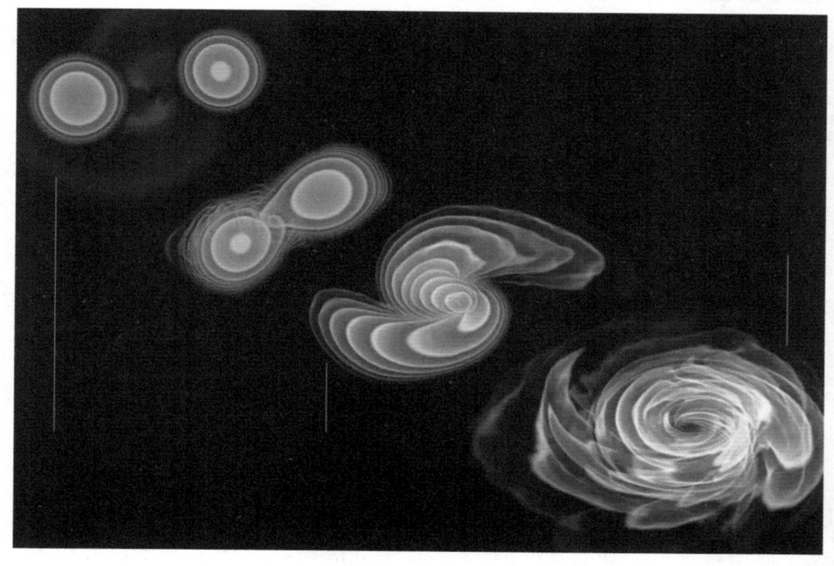

图 14.4　双中子星或双黑洞在合并过程中会产生巨大的能量

4. 隐形伴星

能够产生伽马射线暴或引力波的都是短时间内发生的高能事件，也许半个宇宙之外都见得到。我们可以利用黑洞对其他恒星造成的引力效应探测到它们的存在。2020 年，天文学家在观察看似普通的双星系统 HR 6819 时（图 14.5），发现两颗恒星的运动轨迹有些古怪之处，除非该系统中还存在一个完全隐形的天体，才能解释这种现象。计算出它的质量之后，研究人员意识到真相只有一个：这个天体一定是个黑洞。它距离地球只有一千光年，就位于银河系之内，是迄今为止发现的距地球最近的黑洞。

图 14.5　三星系统 HR 6819 中几个天体的轨道想象图

5. X 射线

1971 年，科学家在研究银河系中一个名叫 Cygnus X-1 的双恒星系统时，首次观察到了黑洞存在的证据。该系统产生的 X 射线极为明亮，但这些射线并非来自黑洞或是其可见伴星，而是由黑洞吸收恒星物质时形成的吸积盘产生的（图 14.6）。就像刚才提到的双星系统 HR 6819 一样，天文学家也可以利用那颗可见恒星的运动轨迹，估算出 Cygnus X-1 系统中隐形天体的质量。最终的计算结果约为太阳质量的 21 倍，再考虑到该天体所占的空间较小，说明它只能是一个黑洞。

6. 超大质量黑洞

除了通过恒星坍缩形成的黑洞之外，有证据显示，星系中央也许还潜伏着一

图 14.6　黑洞 Cygnus X-1 正在吸食一旁的巨大蓝色伴星

些质量高达太阳数百万倍，甚至数十亿倍的超大质量黑洞，并且它们也许从宇宙早期就开始存在了。在所谓的“活跃星系”中，这些超大质量黑洞存在的证据堪称壮观。NASA 指出，这些星系中央的黑洞周围都有一圈吸积盘，会释放出极其强烈的、覆盖各个波段的辐射。银河系中央也有一个黑洞（图 14.7），因为我们观察到该区域恒星的旋转速度快得惊人，高达光速的 8%，说明它们一定在围绕某个体积极小，但质量极大的天体旋转。目前的估测结果认为，银河系中央黑洞的质量约为太阳的 400 万倍。

图 14.7　银河系中央的超大质量黑洞

7.“意大利面化”效应

还有一个证明黑洞存在的证据，叫作“意大利面化”效应。你可能会好奇这是什么意思，但如果你有机会掉进黑洞里，一切就会不言自明了：在黑洞极强的引力拉拽下，你会被拉成细细的长条状，就像面条一样。虽然这种事不可能发生在你身上，但假如某颗恒星不慎离黑洞太近，这便是它的结局。2020 年 10 月，天文学家果真观察到了一颗恒星被黑洞扯碎时发出的闪光。幸好，这起“悲剧”距我们足有 2.15 亿光年之遥。

8. 黑洞的照片

到目前为止，我们已经收集了许多黑洞存在的间接证据，包括辐射暴、引力波以及对其他天体的动力学影响等，这些都无法由已知的其他天体来解释。但在 2019 年 4 月，人类终于找到了板上钉钉的证据——事件视界望远镜直接拍摄到了 M87 星系中央超大质量黑洞的照片（图 14.8）。这个望远镜的名字可能会造成一定误导，它其实是一个分散在世界各地的望远镜网络，而不是单独一台望远镜。NASA 指出，参与拍摄的望远镜越多，能拍到的空间就越大，最终的图像质量也就越高。在最终拍到的照片中，我们可以清晰地看到一个质量为太阳 65 亿倍的黑洞呈现出的暗影，以及暗影周围发着橙色光芒的吸积盘。

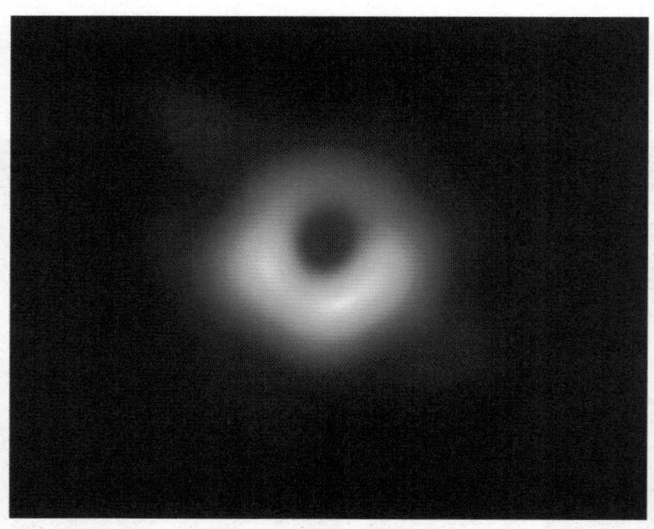

图 14.8　人类直接拍摄的首张黑洞照片

参考文献

[1] 弗拉马里翁．大众天文学（上、下）[M]. 李珩，译．桂林：广西师范大学出版社，2003.

[2] 霍斯金．剑桥插图天文学史 [M]. 江晓原，关增建，钮卫星，译．济南：山东画报出版社，2003.

[3] 中国大百科全书编译委员会《天文学》编辑委员会．中国大百科全书（天文学）[M]. 北京：中国大百科全书出版社，1980.

[4] 恩斯特．海克尔．宇宙之谜 [M]. 苑建华，译．上海：上海译文出版社，2002.

[5] 科尼利厄斯．星空世界的语言 [M]. 颜可维，译．北京：中国青年出版社，2002.

[6] 陈久金．泄露天机：中西星空对话 [M]. 北京：群言出版社，2005.

[7] 朗盖尔．宇宙的世纪 [M]. 王文浩，译．长沙：湖南科学技术出版社，2010.

[8] 姚建明．天文学探秘 [M]. 北京：华艺出版社，2007.

[9] 姚建明．天文知识基础 [M]. 3 版．北京：清华大学出版社，2020.

[10] 姚建明．科学技术概论 [M].2 版．北京：北京邮电大学出版社，2015.

[11] 姚建明．地球灾难故事 [M]. 北京：清华大学出版社，2014.

[12] 姚建明．地球演变故事 [M]. 北京：清华大学出版社，2016.

[13] 姚建明．天与人的对话 [M]. 北京：清华大学出版社，2019.

[14] 姚建明．星座和《易经》[M]. 北京：清华大学出版社，2019.

[15] 姚建明．天神和人 [M]. 北京：清华大学出版社，2019.

[16] 姚建明．星星和我 [M]. 北京：清华大学出版社，2019.

[17] 姚建明．流星雨和许愿 [M]. 北京：清华大学出版社，2019.

[18] 姚建明．黑洞和幸运星 [M]. 北京：清华大学出版社，2019.

[19] 姚建明．天文知识基础 [M]. 北京：清华大学出版社，2008.

[20] 姚建明．天文知识基础 [M].2 版．北京：清华大学出版社，2013.

[21] 霍伊尔．物理天文学前沿 [M]. 何香涛，赵君亮，译．长沙：湖南科学技术出版社，2005.

[22] 皮特森 . 宇宙新视野 [M]. 胡中为，刘炎，译 . 长沙：湖南科学技术出版，2006.

[23] 霍金 . 果壳中的宇宙 [M]. 吴忠超，译 . 长沙：湖南科学技术出版社，2002.

[24] 纽康 . 通俗天文学——和宇宙的一场对话 [M]. 金克木，译 . 北京：当代世界出版社，2006.

[25] 野本阳代，威廉姆斯 . 透过哈勃看宇宙 : 无尽星空 [M]. 刘剑，译 . 北京：电子工业出版社，2007.

[26] 伏古勒尔 . 天文学简史 [M]. 李珩，译 . 北京：中国人民大学出版社，2010.